人类的速度

［英］肖恩·卡勒里　著

［爱尔兰］多诺·奥马利　绘

李永学　胡淳浩　译

中信出版集团 | 北京

目录

绪言 1

更快，更高，更远 3

跑！ 冲刺的竞赛 4

迈克尔·菲利普斯 泳坛巨星 6

投掷 看谁扔得更远 8

奥运会 世界上最宏大的体育盛事 10

残奥会 身残志坚，风光无限 12

骑！ 现代风火轮 14

驾车！ 四轮飞转，惊险莫名 16

雪！ 皑皑白雪，千回百转 18

旅行与探险 21

贸易！ 连接东西方的比赛 22

克里斯多夫·哥伦布 跨越大西洋的新世界之旅 24

航海！ 扬帆世界，舍我其谁 26

艾伦·麦克阿瑟 万里独行，一览风光 28

水下之旅 海底世界，妙不可言 30

大卫·利文斯通 横跨非洲——人类的摇篮 32

热！ 穿越澳大利亚，谁领风骚 34

阿蒙森对抗斯科特 南极争先赛 36

阿梅莉亚·埃尔哈特 穿越蓝天，挑战极限 38

诺盖和希拉里 冲击珠峰，谁领先 40

运输与交通工具 43

船 扬帆樯橹，一往无前 44

汽车 谁能造出更好的汽车 46

自行车 两轮绝尘 48

火车 车轮上的故事 50

气球 天空竞渡 52

莱特兄弟 欲与蓝天试比高 54

火箭 竞赛的目标：太空 56

"阿波罗 11 号" 竞窥月宫，谁折桂 58

科学的世界 61

活下去！ 人类与疾病一比高下 62

查尔斯·达尔文 进化是我们的诀窍 64

治好我！ 医疗百花盛开 66

人体 怎样才能更好地看清身体内部 68

玛丽·居里 揭开放射性的神秘面纱 70

仰望星空 破解星辰秘密的努力 72

艾萨克·牛顿 求解引力之谜的步步艰辛 74

科技 77

电火花 风驰电掣，追赶电的脚步 78

轮子 转折点 80

计算机 数据争夺战 82

动力 能源之争 84

交流 从烽火台到短信息服务 86

媒体 娱乐活动，高潮迭起 88

种植业 尽力提高食物产量 90

食物 美食的艺术魅力 92

绪言

想象力让我们人类与动物不同：我们总是在想，如果我们使用新的方法，情况会有什么不同。在人类发展的进程中，这就是激励我们跑得更快，走得更远，探索奥秘以及进行新尝试的思想火花。

首先是火的使用

或许，人类早期最伟大的成就是保存和利用火，并让它传承不绝。火焰可以供我们取暖，吓退来犯的动物，还能把我们抓住的动物变为盘中餐！

从那时起，我们便探索着我们所在的这颗行星及其疆域之外的世界，研究我们的身体，了解其工作机理。在这一过程中，我们把自己身体的能力发挥到了极限：我们扬帆怒海，泛舟万顷波涛，弄清棘手问题的奥秘，还试着把石头等扔得更远……

绵羊和网球有什么关系？

纵观人类的历史，我们有无数的发现和发明。它们通常是在我们的知识和技能的基础上，从某种已知事物发展而来的。例如，埃德温·巴丁看到一种带有旋转叶片的机器能让毛织品光滑，他从中得到了启示，于1830年发明了实用的割草机。于是，人们能够方便地把草地剪短，此后就在上面玩起了室外游戏，进而发明了室外网球。然后，人们又用碳纤维和玻璃纤维改进了木质球拍……这本书将会告诉你，在一个想法出现后，后面接二连三的新想法是如何到来的。

更快，更高，更远

人类热爱竞赛，也喜欢赢！现在就让我们看看，陆地上谁跑得最快，水中谁游得最快，还有能在两轮或者四轮的飞驰中最令人眼花缭乱的是谁吧！

跑！冲刺的竞赛

人们总是在奔跑：打猎，或者逃离猛兽，或者急急忙忙地要去什么地方，或者为了健身。在许多年前，士兵们需要徒步行军打仗，艰苦的长距离跑步是军队训练的一部分，这个传统一直保留至今。

不同的径赛项目

运动员们的快，表现在不同的项目中。距离在 400 米及以下的称为短跑，中距离跑有 800 米和 1500 米，距离更长的为长跑。其中：

· 接力赛跑——由多个人组成一队，前一个运动员把接力棒递给下一个，运动员依次传递接力棒的赛跑。

· 跨栏赛跑——运动员在奔跑中跨过一定数量栏架的短跑项目。

· 障碍赛——依次跑过障碍架和水池等障碍物的赛跑。

· 竞走——走的时候必须一直只有一只脚着地。

谁跑得最快？

100 米跑径赛项目中，速度最快的选手是一位牙买加运动员，名叫尤塞恩·博尔特。2009 年，他在柏林举行的世界锦标赛中用 9.58 秒的纪录成绩跑完了全程。跑得最快的女性是美国运动员弗洛伦斯·格里菲斯－乔伊娜，她的百米纪录成绩是 10.49 秒。爱尔兰运动员杰森·史密斯是世界上跑得最快的残奥会短跑运动员。他的眼睛残疾，很难看清楚。他创造的 100 米跑纪录是 10.46 秒。

从 2008 年到 2016 年，尤塞恩·博尔特参加了多次奥运会和世界锦标赛的比赛，拿到了多块金牌。

09:58

距离最长的赛跑

距离最长的赛跑是马拉松，要在街道上跑 42195 米。马拉松的历史可以一直追溯到两千多年前的古希腊。肯尼亚人埃利乌德·基普乔盖创造了历史，他是第一个在两小时内跑完马拉松的人。

4 分钟 1 英里

1954 年，罗杰·班尼斯特用 3 分 59 秒 4 跑完了 1 英里[1]，突破了"4 分钟 1 英里"的大关，创造了辉煌的时刻。

1　1英里约等于1609米。——译者注

我们跑得越来越快吗？

不见得。人类两万年前的脚印说明，当时人们能够赤脚在软泥地上每小时跑 37 千米。因为他们必须跑得很快才能抓住野兽，或者逃离猛兽。尤塞恩·博尔特用 9.58 秒跑完了 100 米，这个速度相当于每小时 37.57 千米，但他必须在特殊的跑道上穿跑鞋跑，而且需要一直保持最高速度。运动员们在橡胶跑道上跑步，要比在煤渣路或者草地上快得多。

罗杰·班尼斯特对于他破纪录的赛跑非常自豪，但他认为，他后来在医疗生涯中的成就更为重要。

马柳·范里金是用假肢跑得最快的女短跑运动员。

怎样才能跑得更快

今天，顶级运动员们需要"全副武装"才能跑得更快。

· 他们穿着很轻的鞋子和衣服。

· 他们努力让自己每一步跨出的长度最合理，让手臂和手肘的摆动最有效率，让脚趾和脚蹬地最有力，让脚的落地达到最佳。

· 他们吃健康的新鲜食物，并额外补充维生素。

· 他们在训练场地加强全身的力量。

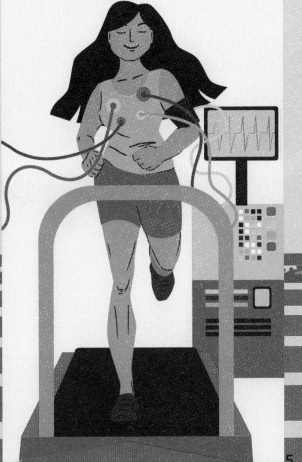

迈克尔·菲尔普斯 泳坛巨星

迈克尔·菲尔普斯是有史以来最成功的游泳运动员之一，也是有史以来最伟大的运动员之一。他于 1985 年生于美国马里兰州的巴尔的摩，天生适合游泳。他身高 1.93 米，长长的胳膊和一双大脚，让他能在水中迅速前进，健壮的胸膛和相对较短的双腿帮助他在水中流畅地运动。不过在他小的时候，有些孩子曾拿他的长胳膊和细身子开玩笑。

尽管在游泳方面有天生的优势，他同样进行了非常艰苦的训练。他每天都要训练很长时间，并在 15 岁那年第一次参加了奥运会。在 2008 年的北京奥运会上，他创造了单届奥运会获得 8 枚金牌的纪录。到他运动生涯结束的时候，他总共获得了 28 枚奥运奖牌，其中包括 23 枚金牌。这一成就远远超过了其他运动员。

混合泳

菲尔普斯的拿手好戏之一是 400 米混合泳，这是一项特别艰难的比赛，运动员需要用四种泳式各游 100 米。

自由泳

自由泳也叫爬泳，是最快的泳式。这种泳式需要游泳者交替地用两条胳膊划出圆圈，同时两脚上下打水。

迈克尔·菲尔普斯

从英国到法国

迈克尔·菲尔普斯是在游泳池里游泳的，但一些游泳者更喜欢在大海里游泳。其中最大的挑战之一，是横渡英国和法国之间的英吉利海峡。这条海峡最狭处约宽33千米，但由于海潮和海流，游泳者游过的距离远远超过这个数字。被正式承认完成这一挑战的第一个男性是马修·韦伯，于1875年完成；第一个女性是格特鲁德·埃德勒，于1926年完成。

格特鲁德·埃德勒

仰泳

仰面躺在水面上，手臂交替划水，两脚伸直交替上下打水。这是一种古老的泳式，从1900年起成为奥运会正式比赛项目。

蛙泳

平俯在水面上，胳膊向侧面划水，同时腿做青蛙式踢腿。石器时代的洞穴画中就有使用这种泳式的人。

蝶泳

两条胳膊同时从空中向前划，接着在水中向后划，同时两腿做蝶式打水（即海豚式打水）。它是从蛙泳发展而来的。

投掷 看谁扔得更远

扔东西需要手和眼睛的良好配合，同时手要抓牢东西，还需要有能够把它扔得很远的强壮手臂。早期人类觉得这种技能很重要，因为可以往火里扔木头，或者朝猎物、敌人扔石头等。这种技能也被用于多种运动和游戏。

	起源 	扔什么	怎么扔
铁饼	公元前 708 年正式列为奥运会比赛项目。竞赛者投掷扁平的圆盘。开始是石头做的，后来用金属。	今天的铁饼是用金属和木料制成的圆盘。男子用铁饼重 2 千克，女子用铁饼重 1 千克。	先不停地旋转身体，然后用单手直线向前抛出。
标枪	从古代用于打猎的长矛演变而来。1908 年正式列为奥运会比赛项目。	扔带有金属尖端的标枪。男子用标枪长 2.6～2.7 米，重 800 克。女子用标枪长 2.2～2.3 米，重 600 克。	奔跑中向前掷出，不可越过犯规线，且标枪必须尖端先着地。
铅球	在 14 世纪发明炮弹后演变而来。1896 年首次成为奥运会比赛项目。	金属球。男子用铅球重 7.26 千克，女子用铅球重 4 千克。	投掷之前身体旋转，以便把铅球掷得更远。
链球	起源于铁匠让金属成形的工具。开始时，投掷链球在苏格兰流行。1900 年进入奥运会。	扔一个与固定在手柄钢链一端相连的金属球。男子用链球重 7.26 千克，女子用链球重 4 千克。	旋转金属球，身体同时在一个圆内旋转数周，然后将链球掷出。

女子世界纪录　　男子世界纪录

76.8 米，由加布里尔·雷因施于 1988 年创造。

74.08 米，由于尔根·舒尔特于 1986 年创造。

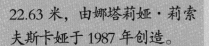

72.28 米，由巴尔博拉·斯伯塔阔娃于 2008 年创造。

实行新规则后，98.48 米，由扬·泽莱兹尼于 1996 年创造。

22.63 米，由娜塔莉娅·莉索夫斯卡娅于 1987 年创造。

23.12 米，由兰迪·巴恩斯于 1990 年创造。

82.98 米，由安妮塔·沃达尔奇克于 2016 年创造。

86.74 米，由尤里·谢迪赫于 1986 年创造。

抛掷项目

一些使用抛掷技巧的项目是：

保龄球 滚球被抛向木质目标。据说，最古老的保龄球群体组织之一位于英格兰的南安普敦，1299 年建立。

飞镖 把飞镖投向一块木板靶标。这是一种古老的游戏，现代版本起于 1896 年。

篮球 是一种集体项目，参赛者拍球并把它抛向其他人或者高处的篮筐。第一次篮球比赛于 1891 年举行。

还有用球棒击打对手抛来的球的运动项目：

板球 投球手将皮革包着的球投向击球手防守的木桩。有史以来最快的板球飞行速度高达每小时 161.26 千米，是由修艾布·阿赫塔尔于 2003 年创造的。

棒球 是一种投掷、击打、跑垒运动项目。有史以来投向击球手的棒球最高速度为每小时 169.14 千米，是由阿罗尔迪斯·查普曼于 2010 年创造的。

怎样才能扔得更远

强有力的抛掷需要整个身体的配合：身体侧向站立，一只手指向目标，身体后仰，然后当指向目标的手臂下垂时，身体的重心前倾，投掷的手臂在肩膀以上用力向前送，手腕猛地向前推出。

注：表中纪录均截至 2020 年。

公元前 776 年

已知的第一届古代奥运会是一次宗教节日，其中的主要事件是将一头动物祭献给宙斯神。只有男人才能参加比赛，比赛项目只有一个——约 192 米赛跑。这一盛事每 4 年举行 1 次，同时有新的比赛项目引进，如摔跤、跳远、战车赛和赛马。胜利者的奖品是橄榄枝等编成的花环。

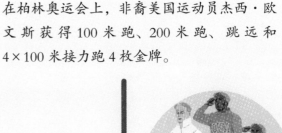

1936 年

在柏林奥运会上，非裔美国运动员杰西·欧文斯获得 100 米跑、200 米跑、跳远和 4×100 米接力跑 4 枚金牌。

1904 年

从这一届奥运会开始，优胜者获得金、银或铜牌。

1896 年

这一赛事在希腊的雅典"复活"，13 个国家的运动员参与了 43 个项目的比赛。

1924 年

第一届冬季奥运会在法国的夏蒙尼举行。

奥运会
世界上最宏大的体育盛事

公元 393 年

最后一届古代奥运会在希腊举行。

1913 年

人们设计了五个连在一起的圆环作为奥运会会徽。这些环代表着五大洲，其中不包括南极洲，南美洲与北美洲合为一洲。为五环选择的颜色为黑、蓝、红、黄、绿五色，每个国家的国旗至少包括其中的一种颜色。

1952 年

赫尔辛基奥运会上，捷克运动员埃米尔·扎托佩克成为迄今为止唯一在单届奥运会获得 5000 米、10000 米和马拉松三项长跑冠军的运动员。

1900 年

女性第一次参加奥运会：11 名女性参加了网球以及高尔夫球的比赛。

1928 年

奥林匹克圣火第一次在荷兰的阿姆斯特丹进行接力传送（今天的奥运会仍然持续这一传统）。女性第一次参加了田径比赛项目。

1984 年

在冬季奥运会上，英国花样滑冰选手杰恩·托维尔和克里斯托夫·迪安几乎被所有裁判员一致评为满分，并获得了该项目的金牌。芬兰滑雪运动员玛丽亚－莉萨·基尔韦斯涅米－海迈莱伊宁在当时成为有史以来唯一一位参加过 3 届奥运会的女运动员。

2000 年

在澳大利亚的悉尼奥运会上，英国赛艇运动员史蒂文·雷德格雷夫成了第一个在运动生涯中连续 5 届夺得奥运金牌的人。

1994 年

冬季奥运会推迟两年举行，从此与夏季奥运会错开两年举行，但还是四年一度。

2012 年

英国运动员莫·法拉赫在伦敦奥运会上赢得 5000 米与 10000 米跑两枚金牌。

奥林匹克运动会是世界上最负盛名的运动盛会。它起源于古希腊，现代奥运会每 4 年举办 1 次。几乎每个运动员都憧憬着获得奥运会金牌的那一天。

1988 年

德国运动员克丽斯塔·罗滕布格尔在冬季奥运会上赢得 1000 米速滑的一枚金牌，同时在夏季奥运会上赢得自行车项目的一枚银牌，从而成为第一位在同一年的两项奥运会上获得奖牌的运动员。

2008 年

在北京奥运会上，牙买加短跑运动员尤塞恩·博尔特（见第 4 页）打破了 100 米与 200 米两项世界纪录和奥运会纪录。他也在 4 × 100 米接力赛中创造了新纪录。迈克尔·菲尔普斯创纪录地在单届奥运会上赢得 8 枚金牌（见第 6 页）。

1976 年

罗马尼亚体操运动员纳迪娅·科马内奇共获得 7 个"满分 10 分"的成绩，此前没有任何人哪怕赢得一次满分。

1988 年

在卡尔加里冬季奥运会上，一支牙买加团队代表该国第一次参与有舵雪橇项目。影片《冰上轻驰》就是改编于这一事件。

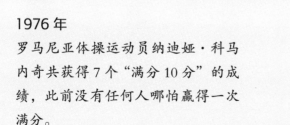

残奥会

身残志坚，风光无限

1948 年，一位医生为二战（1939 — 1945）期间受伤的一些人举办了一场体育赛事，这种赛事自1960 年成为残奥会，旨在吸引身有残疾的运动员参加，如肢体残缺者、盲人或者脑瘫患者等。残奥会在每次夏季与冬季奥运会之后举行。英语中，残奥会是 Paralympic Games，其中"para"是"随后"的意思，这也是这项体育赛事英文名字的由来。

今日残奥会

2016 年的里约热内卢残奥会，有来自160 个国家和地区的 4328 名残疾运动员参与，在 22 个不同项目中角逐 528 枚金牌（实际决出 529 枚）。这些项目包括赛跑、射箭、游泳和轮椅篮球。除了良好的体育能力，残疾运动员也需要决心、勇敢和勤奋训练，才能达到他们的目标。

5 岁的时候，一场疾病让乔尼·彼考克失去了右腿膝盖以下的部分。但他成了短跑运动员，并先后在 2012 年和 2016 年的残奥会上夺得 100 米跑的金牌。

轮椅叱咤风云

轮椅主要有两种类型，但都必须通过手推动轮子前进。许多参赛者都戴着特制的手套，以增强握力，防止受伤。轮子被设置得略微倾斜，这使得轮椅在转弯时更稳定。

· 赛跑轮椅有 3 个轮子，是用非常轻的材料制成的，可以尽可能快速地运动。从短跑到马拉松比赛，这种轮椅可以以每小时 30 千米的速度前进。

· 另一种轮椅用于英式橄榄球和篮球这类比赛，至少有 4 个轮子，这可以让运动员身体后仰而不至于摔倒。这种轮椅非常坚固，也很灵巧，让运动员可以在比赛中快速转弯与急停。

假肢

人们用人造肢体代替残缺肢体功能，这就可以让肢体不全的残奥会运动员们走路、跑步、骑自行车或者抓住物体。假肢有些是机械产品，使用缆绳和滑轮。有些是肌电信号控制的，也就是说，它们是在来自大脑的信号控制下工作的。赛跑者经常使用看上去像刀锋一样的下体假肢，它们是用碳纤维做成的脚的替代物，能够储藏能量，当运动员前冲时能够释放能量。

坦妮·格雷－汤普森生来患有脊椎裂，从 7 岁时开始使用轮椅。后来，她成了顶级赛跑运动员，并 5 次代表英国参加残奥会，参加过 100 米的短跑，也参加过 42195 米的马拉松，获得了 16 枚奖牌，其中包括 11 枚金牌。

速度滑雪 〉

美国游泳运动员特丽莎·佐恩生来失明，她在 1980 年至 2004 年间创造了残奥会的奖牌纪录。她参加了 7 届残奥会并赢得了 55 枚奖牌，其中包括 41 枚金牌。

骑！现代风火轮

自行车的动力来自骑车人，按照空气动力学对其形状进行设计，使用轻而且坚固的材料……或者让汽车拖着走，可以获得更快的速度。

艰难的比赛

环法自行车赛是场艰难的自行车比赛。每天，参赛者骑自行车奔驰超过128千米，夺取平地赛段、山地赛段和最先到达终点的奖励。持续进行3个星期。比赛中会出现脱离比赛、结组到达、摔倒和事故。而且，为节省体能，参赛者希望紧随领骑者自行车的气流，因此会发生冲撞。最后决出的胜利者，是在大约3500千米全程结束后使用时间最少的参赛者。

在环法自行车赛中，每日领先者第二天身穿黄色运动衫，这是极大的荣誉。

环法自行车赛中，男运动员居多，男女一起比赛。

最快的自行车骑行

2018 年，在美国犹他州邦纳维尔盐碱滩，丹尼丝·米勒－科雷奈克将自行车与一辆设定速度的短程高速赛车连接在一起。当汽车带着她达到了每小时约 160 千米的速度以后，她松开了与赛车相连的绳子并全力骑行，在前面赛车的气流减小了空气阻力的情况下，她创造了每小时 296 千米的世界纪录。

无外力帮助

在没有拖行汽车的帮助下，自行车骑行的最高速度是每小时 144.18 千米，是由托德·赖克特于 2014 年创造的。这是一辆奇特的自行车：赖克特全身紧包在一辆流线型的碳纤维车壳之内，以仰卧姿势，躺着踩脚踏板。他通过两个摄像机观察前方路况。

‹ **托德·赖克特**骑了一辆埃塔自行车，成为世界上骑行最快的人。

怎样才能骑得更快

自行车运动员在骑行时，空气阻力会影响他们骑行的速度，自行车和他们本身的重量也会影响骑行速度。自行车运动员们尝试：

· 身穿紧身服装，头戴流线型头盔。

· 身体保持低姿，两肘内收，以帮助划破风障。

· 流畅地转弯。

· 尽可能少刹车。

· 使用较轻的自行车，布线隐藏在车体内。

· 使用具有气动光滑的辐条和深条纹轮圈的车轮。

· 将车胎充满气。

丹尼丝·米勒－科雷奈克保持着有汽车帮助的自行车骑行陆地速度世界纪录。

驾车！四轮飞转，惊险莫名

世界上第一辆汽油机汽车是 1885 年上路的奔驰汽车，时速约 16 千米。它只有 3 个轮子，因为前面的单轮让汽车更容易操控。但如今哪一款汽车最快？这取决于你在测量什么：是汽车在平坦直线赛道上的最高速度？还是汽车的加速度？

一级方程赛车

世界一级方程锦标赛的赛车最快。它们沿着赛道的直线部分飞驰，但在转弯或者准备超车时必须放慢速度。当前，一级方程赛车的最高速度纪录是每小时 372.6 千米，是由胡安·帕布鲁·蒙托亚于 2005 年创造的，当时，为准备参加意大利汽车大奖赛，他正用他的麦克拉伦－梅赛德斯汽车进行练习。

尾翼

驾驶员

轮胎

怎样让汽车开得更快

一级方程赛车可以高速飞驰，因为它们有高功率的发动机、技术高超的驾驶员，还有独特的形状。车身非常轻，车翼和襟翼产生下压压力，把轮胎压向地面——这与机翼对飞机的提升作用相反。这种下压压力对于高速转弯至关重要。光滑的、流线型的车身也能减少汽车受到的空气阻力。

其他能帮助一级方程赛车提高速度的因素包括：

· 它们有 7 种轮胎，从软硬度到抓地力都不同，分别用于不同的天气条件。轮胎里充的气是氮气而不是空气，这让轮胎能保持稳定的胎压。

· 驾驶员用方向盘上的按钮尽可能快地换挡，而不是像普通汽车那样使用传统的变速杆。

· 在维修点，维修队只要几秒钟就可以用机器更换轮胎、添加燃油。当前的最快维修纪录是由红牛车队保持的。在 2019 年的巴西汽车大奖赛上，他们只用了 1.82 秒就更换了全部四只轮胎。

陆地速度

1997 年，在美国内华达州的黑岩沙漠，超声速推进器成为打破声障的第一辆汽车。这辆长 16.5 米、宽 3.66 米的超声速汽车速度达到了每小时 1227.985 千米。这辆车由两台喷气发动机推动，英国驾驶员安迪·格林可以控制它们，他曾是一位英国皇家空军飞行员。

维修工

前翼

最快的公路汽车

布加迪威龙超跑车一度是可以在普通公路上行驶的速度最快的汽车，它能在 2.6 秒内从静止加速到每小时 100 千米。它的最高时速是约 431 千米。在一条德国测试赛道上，一辆布加迪凯龙星跑车创造了每小时约 490 千米的纪录。

雪！ 皑皑白雪，千回百转

在英语中，据说滑雪 "ski" 这个词来自一个古老的词组 "sphit piece of wood"，意思是"劈开的木头"，因为最早的滑雪板就是绑在人们脚下的薄木板，让人们可以跨越冰冻的沼泽地和湿地。迄今发现的最早的滑雪板可以追溯到大约公元前 8000 年，比我们发明车轮早了大约 5000 年！

高速滑雪运动员

在比赛中，速度滑雪运动员沿着一条山坡直道向下飞速滑行。伊万·奥里戈内创造了每小时 254.958 千米的男子纪录，这差不多是跳伞运动员从飞机跳下后的终极速度了！

滑雪装备的改进可以帮助滑雪运动员滑得更快、更好：

滑雪板　它们最初是木制的，后来由金属制成，现在是轻型玻璃纤维或者碳纤维制成的。

滑雪靴　早期的皮靴在脚尖处隆起，这样就可以把它们跟滑雪板绑到一起。后来，一根固定器就可以让靴子固定在滑雪板上。今天的固定器通常是塑料做的。

滑雪杖　最早的滑雪者用木棍做滑雪杖。今天的滑雪杖是用碳纤维材料做的，而且有些是弯曲的，这样可以减少空气阻力。

雪　镜　现存最早的雪镜可以追溯到 800 多年前，是用动物骨头做成的，中间留出一道用来观察的窄缝，阻隔雪反射的阳光。

缆　车　缆车最早是 1936 年安装在滑雪胜地的，它使滑雪变成了一种休闲活动。

滑行运动

如果你曾经坐过从雪山上飞驰而下的雪橇，你会发现它既刺激又有点吓人。要怎样才能掌握这类运动呢？

有舵雪橇　参赛队员操纵一个流线型的雪橇，沿着一条狭窄、弯曲的冰道下滑。速度因不同的冰道而有所不同，而且也取决于雪橇中坐了几个人，有舵雪橇的速度经常可以达到大约每小时 150 千米。

无舵雪橇　参赛者可以头朝前俯卧在一个薄雪橇上，沿冰道向下滑行。2017 年，美国运动员弗兰克·威廉斯在加拿大创下了每小时 150.42 千米的最快速度纪录。

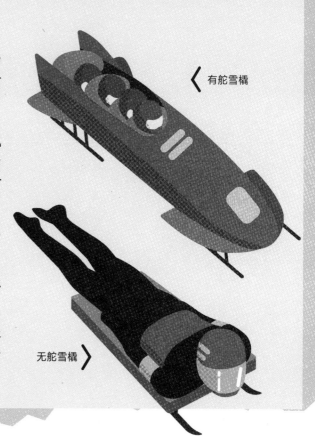

〈 有舵雪橇

无舵雪橇 〉

冰上竞赛

艾迪塔罗德狗拉雪橇比赛是世界上有名的比赛，以大约 1700 千米长的不同路线穿越阿拉斯加。比赛的终点永远是诺姆，因为这项比赛是为了纪念 1925 年，人们用狗拉雪橇向这座城镇运送药品的英雄行为。

滑冰

大约 5000 年前，人们将动物的腿骨绑在脚底制成了第一批冰鞋。后来，人们使用木头和金属等制造冰鞋和冰刀，1250 年左右，金属冰刀问世。

· 速度滑冰最高纪录是每小时 52.4 千米，是由克耶尔德·努伊斯在 2018 年的速滑世界杯决赛中创造的。

· 花样滑冰运动员在冰上跳舞。冰刀前端的刀齿，让他们能够跳跃、停止并且迅速旋转，因为上面有许多能紧抓冰面的细齿。

旅行与探险

人类热衷于发现新事物。纵观整个历史，有些人总是离开家园，探索新的地方。从滚烫的沙漠到冰封的两极，我们在各个大洲上漫游，还征服了世界上最高的山。然后，我们又直飞天宇，遥望我们行星之外的神秘世界。

贸易！ 连接东西方的比赛

哪怕还不知道世界到底有多大，人们就已经争先恐后地与世界各地建立了联系。尽管西方的欧洲与东方的亚洲远隔崇山峻岭和浩瀚的原野，但货物贸易与思想交流已经持续了两千多年。

丝绸和香料

在中国和欧洲之间有一条复杂的贸易路线，它穿越中亚的高山与沙漠。走完全程的人极少，因为路途艰辛，有时极为危险。所以，人们只带着珍贵的物品走过其中的一段，然后把它们卖给商人。这条路线被称为"丝绸之路"，以原产中国的柔软纺织品丝绸命名。晚些时出现的连接东西方的海路被称为"海上香料之路"，又称"海上陶瓷之路"和"海上丝绸之路"。欧洲不出产胡椒之类的香料，这些香料能让食物更加可口，能在燃烧时使空气清新宜人，而且还可以入药，因此非常珍贵。

马可·波罗

1271 年，意大利商人尼可罗·波罗和马菲奥·波罗沿着丝绸之路前往中国，同行的还有尼可罗 17 岁的儿子马可·波罗。经过了约 4 年的艰苦跋涉，他们穿越了沙漠，经历了疾病和许多艰险的折磨。当他们到达中国的时候，马可·波罗学会了 4 门语言，并被当时元世祖忽必烈任命为官。他曾游历中国，于 1295 年返回意大利。20 多年间他的行程估计达到了 39000 千米。他的游记一度成了西方世界中有关东方的最佳记录。

贸易的繁荣

人们追求的东方货物远不止丝绸和香料。1150 年左右，一批来自东方的货物中还包括纸，它让文字变成了交流的关键。火药是 13 世纪末传到欧洲的另一项中国发明，它让战争不再是弓箭等冷兵器的争斗，而是变成了大炮与枪械之间的较量。但或许，同样重要的是有关科学、宗教和艺术思想的交流。

新的发明

西方探险家对于中国发明和发现的许多东西赞叹不已，慢慢地把它们或其用法带回了欧洲。

煤炭 一种特殊的燃料，可以用来取暖。直到 18 世纪，煤炭才在西方得到广泛应用。

指南针 一种用于航海的仪器，其上的一根针总是指向南北方向。中国人在战国时期就开始使用指南针了。

石棉 一种令人惊叹的材料，它不怕火。直到 19 世纪西方才开始大规模开采石棉矿产，当时用于绝缘。然而，我们现在知道，石棉对身体有害。

邮政系统 利用骑手团队传递信息等。罗马人和中国人都广泛应用这一方法，但直到 1660 年，英国才成立邮政总局。

瓷器 一种装饰精美的非金属器物。直到 1575 年欧洲人才学会制作。

纸币 欧洲的第一张纸币直到 17 世纪 60 年代才出现。

克里斯多夫·哥伦布

跨越大西洋的新世界之旅

为什么这么多南美洲国家讲西班牙语？为什么西印度群岛和美国印第安人的名字与印度相关，而这个地方和这群人与印度远隔万水千山？答案就在于克里斯多夫·哥伦布，他在不知不觉中造成了这一切！

哥伦布是一位意大利航海家，他想要找到一条从欧洲去亚洲的新航线。15世纪，因为一些统治者占据了一些关键要隘，结果让丝绸之路变得难以通行。于是，欧洲商人开始寻找前往亚洲的其他途径。向南航行会让他们经过非洲，那里有危险的风暴海域。但哥伦布有一个想法：因为地球是圆的，所以他可以向西航行，穿过大西洋，最后到达亚洲。他相信，如果他一直让自己的航线向南，风就会带着他向西，直到抵达目的地。回程只需要向北航行，向另一个方向吹的风就可以鼓起他的风帆，带他回家。

这是一个很好的计划。但哥伦布没有意识到的是，这样去亚洲的距离远远超过了他的计算，当然他也没有想到，在欧亚两洲之间还横亘着另一片大陆！于是哥伦布向西航行，最后来到了陆地。水手们相信那里就是亚洲，但他们踏足的实际上是巴哈马群岛中的一座岛屿。因为哥伦布认为自己到了亚洲印度，所以他称在那里遇到的人为"印第安人"！实际上他们到了美洲，当时那里是大约1亿人的家园。

哥伦布一生的时间线：

1451 年	1476 年	1485 年
生于意大利的热那亚。	迁居葡萄牙，并从那里前往许多地方航行。	来到西班牙，在那里得到了探险资金。

哥伦布发现了前往"亚洲"的新航线。他又沿着类似航线进行了3次旅行，发现了更多的新地方，并成为踏上南美洲的第一个欧洲人。他的航海改变了世界。在之后几十年间，当时的西班牙和葡萄牙这两个海上霸主意识到了哥伦布未曾意识到的一点：那里不是亚洲印度，而是一个"新世界"。他们侵入了这片大陆，建立了帝国，掠走了大量的黄金与白银。令人悲伤的是，许多当地人或死于战争，或死于欧洲侵略者带来的疾病。征服者们也开始探索北部的大片土地，那里就包括现在的美国。

1492 年
8 月 3 日，他带领着 3 艘船上的 90 名水手起航西向，试图到达亚洲。70 天后，他们来到了邻近今天北美的一个群岛。

1493 年
1 月 16 日，哥伦布带着这一大新闻启程返回西班牙，随身携带着他发现的火鸡和菠萝。

1493 — 1504 年
哥伦布 3 次造访美洲。

1506 年
哥伦布去世，这时他仍然认为，自己发现的是前往亚洲印度的航线。

航海！扬帆世界，舍我其谁

500多年前，环游世界的旅行是一项伟大的成就，因为那时没有给我们指路的地图。实际上，这确实是一次驶往未知世界的探险。

为了香料

连接欧亚两洲的陆上通道于1453年被切断，欧洲人只能通过海路获取香料。1488年，迪亚士跨海东行，但风暴把他的船吹到非洲的最南端，他手下的水手们吓坏了，拒绝继续航行。1498年，第一个成功从欧洲航行到达印度的人是达·伽马，他向东航行，绕过了非洲。

麦哲伦

第一次成功的环球航行，是由葡萄牙航海家斐迪南·麦哲伦带领的，他是依靠与葡萄牙竞争的西班牙赞助完成这一壮举的。与迪亚士和达·伽马不同的是，麦哲伦和哥伦布一样向西航行。他相信，向西航行会把他带到亚洲。由5艘船和260名水手组成的舰队于1519年9月20日起程，整个旅途中遇到了许多挑战。

海难

他们在地图上没有标明的海域中航行，不知道哪里有暗礁，这些暗礁造成了多起海难。

内讧

麦哲伦处决了一名船长，还有一艘船放弃航行返航，带走了极为重要的补给品。

营养不良

在漫长的旅途中，水手们只有干燥的"饼干"和咸肉充饥。缺乏水果和蔬菜使他们牙龈肿大，最后牙齿脱落，这是一种叫作"坏血病"的疾病。

战争

麦哲伦在穿越大西洋时没有经过任何岛屿，但当他们最后终于到达菲律宾时，他被卷入了当地的一场战争，结果他被长矛刺中身亡。

返程

在麦哲伦的船队中，只有一艘船和上面的 18 名水手成功返航。1522 年 9 月 8 日，在继任船长胡安·塞巴斯蒂安·埃尔卡诺的领导下，精疲力尽但心情宽慰的他们回到了西班牙。这次航行让我们知道了世界有多大，而且可以通过海路环游。它也打开了一条前往亚洲的新航线，引发了欧洲与太平洋岛屿之间的贸易。

艾伦·麦克阿瑟 万里独行，一览风光

如果让你驾驶一叶扁舟，扬帆跨越怒海，疾风撕扯着风帆，巨浪击打着船边，你必须抓牢船体不放才能站稳，这时你会有何感想？这就是你独自一人驾船环游世界将会面临的一些挑战。第一位直面这些挑战的女性是艾伦·麦克阿瑟。

1976 年，艾伦出生在英国一个远离大海的地方。当她还是一个孩子的时候，她的姑姑曾带着她驾船扬帆出海，这让她深深地爱上了这一运动。她阅读图书馆里如何驾船的书籍，还省下钱为自己买了一条小艇。19 岁时，她曾独自驾驶一条 6.4 米的小艇环游英国。2001年，她在高难度的旺代环球帆船赛中名列第二，并成为驾船环球航行的最年轻女性。

然后，她为自己设立了一项新的挑战：创造仅靠风力驾船环球旅行最短时间的纪录。为此，她要做的远不止能够驾船出海："你必须能够修理设备，或者当你的胳膊破了个大口子的时候把它缝上！" 2005 年 2 月 7 日，当她历时 71 天 14 小时 18 分钟后再次抵达陆地时，一项新的世界纪录诞生了。

旺代环球帆船赛

旺代环球帆船赛的奖杯是航海运动中最难夺得的荣耀：这是在没有任何帮助下进行的单人不间断环球航行。这项赛事开始于 1989 年，以法国的旺代命名，那里是 4 年 1 次的环球航行的起点和终点。参赛者们沿着一条欧洲与大洋洲之间的"帆船之路"航线航行，途经非洲的好望角和以狂风巨浪著称的合恩角。帆船是当年从中国运输茶叶所用的帆船，它们是靠悬挂在三条桅杆上的风帆尽力利用狂风航行的。

1521 年

斐迪南·麦哲伦（见第 26 页）试图测量太平洋的深度，但他 61 米长的负重测量线未曾触碰海底。

1872—1876 年

查尔斯·威维尔·汤姆森在英国皇家海军战舰"挑战者号"上实施了第一次环球海洋探险。

1960 年

乘坐潜水器"的里雅斯特号"，雅克·皮卡德和唐·沃尔什潜到了 10.916 千米深的马里亚纳海沟的最深处——挑战者深渊，并看到了深海里的鱼。

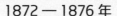

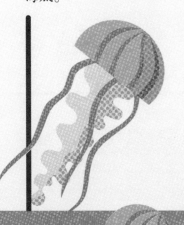

1818 年

约翰·罗斯爵士捉到了约 2000 米水下的蠕虫和水母，发现了深海生命存在的证据。

1934 年

置身于钢质潜水器"深海球号"中的威廉·毕比和奥蒂斯·巴顿成为最先造访深海的人。

水下之旅

海底世界，妙不可言

1776 年

在美国独立战争期间，美国人戴维·布什内尔建造了一艘早期的潜水器，并试着用它攻击英军舰艇。

1857 年

詹姆斯·奥尔登发现了第一条水下山谷——加利福尼亚海域中的蒙特利峡谷。

1954 年

第一艘不拴绳索的载人科研潜水艇"FNRS-3 号"下潜了 4041 米。

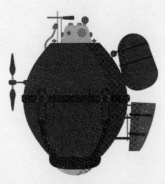

1943 年

雅克·库斯托和艾米尔·加尼安发明了潜水呼吸器，它可以让潜水员在水下呼吸。

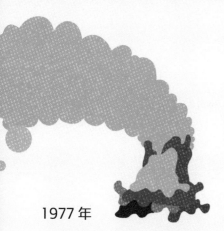

1995 年
国际探地卫星雷达数据公开，让人们可以对全球海床进行测绘。

2017 年
一支国际团队宣布，将尝试在 2030 年以前完成全球海底的绘图工作。

1977 年
由罗伯特·巴拉德带领的一支团队发现了热液喷口——利用化学能而不是太阳能生存的生态系统。

2007 年
赫伯特·尼奇斯特利用重物潜水 214 米，创造了无设备支持自由潜水的最深纪录。

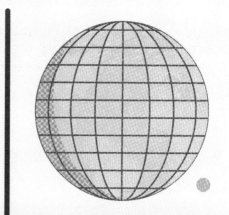

我们对于海底的了解不及我们对于银河系的了解。在大洋深处探险确实非常艰险：水下 200 米就基本没有光亮，深水的压力将压垮我们未加保护的躯体。我们曾经拜访过最深的海底，但对 200 米以下的海底，只有 7% 被绘制了地图。

1985 年
巴拉德的团队在 3810 多米深的大西洋海底发现了著名的"泰坦尼克号"沉船残骸。

2012 年
詹姆斯·卡梅隆完成了对马里亚纳海沟的挑战者深渊的第一次单人深潜。

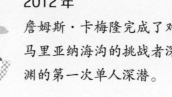

2005 年
深海钻井船"地球号"建成。此后，它调查了海床，并计划在 2.5 千米深的水下钻探地壳 7.5 千米，达到地幔。

1979 年
身穿特殊潜水服的美国女性席薇儿·厄尔深潜 381 米，创造了不带绳索潜水的世界纪录。

大卫·利文斯通

横跨非洲——人类的摇篮

19世纪，欧洲人开始越过非洲的海岸线，探索它的腹地。他们想要看看那里的植物和动物，开展贸易，并借欧洲各国在世界各地扩张之时建立殖民地。有些人想要传教，找到像尼罗河这类大河的发源地。

大卫·利文斯通来自英国苏格兰布兰泰尔的一个穷苦家庭。从10岁开始，除了星期天之外，他每天都要在一座棉纺织厂中工作14个小时，但他在夜间通过自学接受教育。他成了一位医生，而且想要探索新的国度，并传教。

在他从1841年到1873年间的工作与探险生涯中，利文斯通对于非洲的生活方式与语言很有兴趣，并致力于让奴隶得到自由。他通常只带几名助手旅行，这样可以使遇到他的人相信他没有威胁他人的意图，因此当地部落经常帮助他。而许多其他探险者经常以大队人马出现，而且对攫取财富和荣耀更有兴趣。

利文斯通有一次旅行的艰险令人难以置信。在疾病与食物短缺的困境下，他本可以带走一头绵羊，但他拒绝了，因为这会让帮助他的搬运工们在他走后沦为奴隶。他写道：结束奴隶制最好的方法是"文明、商业与基督教"。他相信，对于上帝的信仰、贸易和让每个人生活得更平等，是让世界变得更为美好的方法。

最早的人类

非洲是人类诞生的起点。可以确认为31.5万年前的最早的智人化石，就是人们在非洲的摩洛哥发现的。大约20万年前，他们的后代（就是我们的祖先！）开始离开这片大陆，在世界各地安家落户。

利文斯通的成就

· 他是第一个有记载的穿越非洲南部，到达另一侧海岸的欧洲人。

· 他是第一个看到了赞比西河的欧洲人。1855 年，他以英国女王的名字，将河里那座壮观的瀑布命名为维多利亚瀑布。

· 他反对残酷的非洲奴隶贸易。

· 他的书向欧洲人描述了非洲。

利文斯通死后，人们把他的心脏埋在赞比亚的一棵树下。他的墓是在伦敦的威斯敏斯特教堂。

热！穿越澳大利亚，谁领风骚

澳大利亚土著在澳大利亚生活了4万多年。他们有效地应对了当地多山、多沼泽、多沙漠的地貌和火炉般炎热气候的挑战。当欧洲人到达并试图征服这片大陆的时候，他们发现这里的环境条件实在严酷。

跨越蓝山

第一个登陆澳大利亚的欧洲人是荷兰人威廉·杨孙，是1606年登陆的。第一批欧洲殖民者于1788年来到这里。他们来自英国，只占据了沿海地区的狭窄地段，因为他们被雄伟的蓝山挡住了去路。殖民者在1813年跨越了蓝山，然后就开始了横跨整个大陆的比赛。

伯克的探险

1860年，为跨越澳大利亚，澳大利亚南部政府悬赏1万英镑，部分原因是要架设一条电报线路。罗伯特·伯克接受了这一挑战。他带领19名随从、20吨补给、马匹，以及特意从印度运来帮助穿越沙漠的骆驼，从墨尔本出发。下面就是他们在途中发生的故事：

1860年8月20日
伯克的探险开始。

1860年12月16日
探险队到达库珀河。伯克、威尔斯、金和格雷继续向北前进，在库珀河留下布拉赫负责。

1861年2月11日
伯克带领的队伍被弗林德斯河上的沼泽浅滩挡住了去路，因此无法到达对面的海滨。

1861年4月17日
在队伍返回库珀河途中，格雷死于石漠。

1861年4月21日
在布拉赫刚走后不久，因为埋葬格雷而耽搁了时间的三人小组到达营地。他们发现了掩埋起来的补给，并在原地留下一张便条后继续前进。

阻挡了伯克前往海滨的沼泽地

石漠

库珀河

墨尔本

斯图尔特的探险

最后，约翰·斯图尔特获得政府 2000 英镑的安慰奖。他 6 次带领探险队进入澳大利亚，他们经常是在寻找放牧的土地。斯图尔特成了在灌木丛中生活的专家，他经常走在其他人前面探路，只使用指南针和手表导航——这里是地图没有记载的蛮荒之地。在第三次进行穿越澳大利亚时，斯图尔特才成功，但在沿着获奖路线回程期间失明，他在两匹马驮着的担架上躺着走了大约 950 千米。

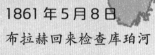

1861 年 5 月 8 日
布拉赫回来检查库珀河营地，但没有发现那张便条。

1861 年 6 月底
伯克和威尔斯死了。金遇到了当地部落，与他们生活了几个月。

1861 年 9 月
金获救。

澳大利亚中部

澳大利亚中部主要是炎热、干燥的沙漠，那里的食物和水资源稀缺。

阿蒙森对抗斯科特

南极争先赛

谁的成就更大？是第一个到达南极的罗尔德·阿蒙森，还是几周后到达的罗伯特·斯科特？由你决定。

20世纪初，极地探险家们极力争取成为站在北极或者南极的第一人。他们必须在一无食物二无住处的茫茫冰原上长途跋涉，这种艰难令人难以想象。挪威的罗尔德·阿蒙森和英国的罗伯特·斯科特，各自带领一支探险队，成为1911年和1912年到达南极点的人。下面就是这两次探险中发生的故事：

阿蒙森

1910年6月7日	**1911年1月3日**	**1911年10月19日**
阿蒙森的船"前进号"从挪威起航。他带领了一支19人的探险队，包括滑雪者和驾驶狗拉雪橇的人。他的目标是快速到达。	到达鲸湾，与斯科特相比，这里与南极点之间的距离要近96.5千米。	阿蒙森等5人出发。他们遇到了好天气，而且用滑雪板和由狗拉着的4个雪橇，所以走得很快。他们一直在尽力高速前进，每日平均行程24千米。

斯科特

1910年6月15日	**1911年1月4日**	**1911年11月1日**
他乘坐"特拉·诺瓦号"从威尔士的卡迪夫起航。他带领了一支65人的探险队，其中有许多科学家。	到达罗斯岛。他们不知道有竞争对手，因此不慌不忙地准备行程。	斯科特等5人离开了大本营。他们穿着棉靴或雪鞋，自己拉雪橇，并不时停下来记录天气情况，采集岩石标本。每日平均行程21千米。

斯科特是一位英国皇家海军上尉，他于1902年第一次在南极旅行。他计划进行的探险是采取沙克尔顿1908年的方法，当时沙克尔顿只使用人力与小马，没有使用雪橇和狗，结果只差约156千米，未能到达南极点。

阿蒙森是一位挪威探险家，他计划第一个到达北极点，并从北极的因纽特人那里学会了如何在极冷的情况下生存。但在美国人罗伯特·皮尔里于1909年首次到达北极点后，阿蒙森秘密地改变了他的计划。只有他的兄弟知道，他转而尝试征服南极。

1911 年 12 月 14 日

他们到达了南极点，竖起了挪威国旗，并留下了一顶帐篷和给斯科特的信息。当斯科特到达南极的时候，阿蒙森已经回到了大本营。他们向斯科特发了一个信息，转达了来自挪威国王和英国国王的祝贺。阿蒙森继续从事南极探险，直至1928年，在营救其他探险者时失踪。

斯科特在他最后的日记中写道："很遗憾，但我觉得我没法写下去了。"

1912 年 1 月 17 日

当在南极发现了旗子和帐篷时，斯科特大吃一惊。回程时，探险队遭遇了暴风雪等极端天气。

1912 年 3 月 29 日

斯科特写下了他最后的日记。他和他的同伴因为疲劳、饥饿和痛苦一个接一个地死去。这时他们距离补给基地只有18千米。后来，人们在他们的帐篷里发现了他的日记，许多人都钦佩他的勇气。

37

阿梅莉亚·埃尔哈特

穿越蓝天，挑战极限

阿梅莉亚·埃尔哈特在环球飞行比赛中领先。她的勇气和熟练的技能让她成了美国最著名的女飞行员之一。

阿梅莉亚的第一架飞机是黄色的，她觉得它看上去像"金丝鸟"，便以此为它命名。

阿梅莉亚生于1897年，比第一次由动力驱动的飞行器飞行的时间早了6年。她23岁时坐上了一架飞机并爱上了飞行。她写道："我知道我必须飞行。"她是美国第一批取得飞行员资格的女性之一。

她最出名的事迹是1932年从加拿大独自飞到爱尔兰。这次飞行差不多用了15个小时，她在飞行中必须应对坏天气：当时浓厚的云层影响了能见度，而且挡风玻璃和机翼上结了一层冰。她是继1927年的查尔斯·林白之后，第二位单独驾机飞越大西洋的人。至此，她完成了两度飞越大西洋的壮举。

1937年，阿梅莉亚尝试成为单独驾机环球飞行的第一个飞行员，但却在这一过程中失踪。人们一直没有找到她和她的飞机。

打破纪录的阿梅莉亚

· 作为飞行员，1928 年成为第一个飞越大西洋的女性。

· 第一个从夏威夷飞越太平洋到达加利福尼亚的飞行员。

· 第一个横跨东、西海岸飞越美国的飞行员。

诺盖和希拉里

冲击珠峰，谁领先

1953 年，丹增·诺盖和埃德蒙·希拉里完成了登山运动的最大挑战：登上了珠穆朗玛峰的峰顶。

在 1953 年之前，至少有 9 支探险队试着登顶珠峰，但全都铩羽而归。这一点儿也不奇怪：海拔 8000 米以上的地区被称为"死亡地带"，因为任何动物和植物在那里都活不下去。登山者携带着攀登冰封的岩石所需要的一切，包括帮助他们在稀薄的高山空气中呼吸的氧气瓶。攀登中，他们睡在冰雪覆盖着的夹缝里。

希拉里来自新西兰，一直热爱登山运动。

诺盖是夏尔巴人，出生在距离珠峰不远的地方。他此前曾为 6 支珠峰探险队做过向导。

诺盖和希拉里是第9支英国珠峰探险队的两位成员。这支登山队计划周密、装备齐全：在350个搬运工的帮助下，10位登山运动员携带着13吨物资，外加20名当地向导。该团队于3月10日出发，一路在营地中停下歇息，以便习惯在稀薄的空气中呼吸，并储存物资。

5月26日，该团队的两名登山运动员冲击顶峰。但汤姆·鲍迪伦和查尔斯·埃文斯在距离顶峰只有101米的地方返回，因为他们当时精疲力尽，而且氧气也耗尽了。之后，轮到希拉里和诺盖尝试了。

他们两人忍受着−27℃的严寒，在一顶遭受狂风的帐篷里度过了5月28日之夜。第二天凌晨4点，他们开始准备最后的攀登。攀登时，他们几乎不说话，因为每说一个字都要在刺骨的稀薄空气中进行一番努力。7个多小时后，他们在世界之巅握手、拥抱。他们成功了。

巅峰挑战

还有比珠峰更难征服的山峰，因为它们有陡峭的绝壁和其他困难。但珠峰是世界上最高的山峰。大约5000名登山者曾经将顶峰踏在脚下，但也有千百人在尝试时不幸罹难。1975年，日本登山运动员田部井淳子成为征服珠峰的第一位女性。

41

运输与交通工具

人类的运输早于车轮的发明。车轮是我们能够走得更远、更快的原因之一。有了运输和交通工具，我们很快就学会了在陆地、海洋和天空中旅行。我们先后使用自己的身体和风，然后是煤和石油等燃料，作为动力。今天的挑战是使用可再生的能源，如太阳光。

船 扬帆樯橹，一往无前

人类首先学会的是在河流与近海驾船。地球有一大半被海水覆盖，我们横跨大洋的历史悠久，人类大部分在海上进行的探险和迁徙都靠船。

筏

最早的船可能是独木舟和用木头或者兽皮制成的筏子。后来，我们发明了皮艇。早期的迁徙包括在太平洋岛屿之间的长途驾船渡海。

划桨

已知最早的桨出现在大约7000年前，但桨的历史可能更早。

维京大船

由一根沿着船体的长木梁支持着船，这可以让船在天气不好的情况下航行。这种船让维京人从斯堪的纳维亚半岛出发，跨过北海来到英国。一般认为，它们最早出现于公元793年。

帆船

利用风作为动力的帆船可以追溯到公元前4000年，在北非的尼罗河上，船只顺水漂流，或利用风力带动船帆逆流而上。

斜挂大三角帆

这是一种斜挂着的三角形船帆，能让船只沿着任何方向"之"字形行进，而不仅仅是顺着风向航行。这种帆至少可以追溯到公元前100年。

轻快帆船

这种船有两根或者三根带有斜挂大三角帆的樯杆。这些船虽然不大，但非常坚固，从15世纪晚期开始用于远洋探险（见24~27页，哥伦布和麦哲伦）。它们可以在浅水水域中航行，如沿着河流航行，因此在探险中大有用处。

蒸汽动力

蒸汽发动机自1838年起为横跨大西洋的船只提供动力，尽管这些船必须携带堆积如山的煤来提供能源。烟囱开始取代桅杆和帆。

气垫船

船在一层空气垫上运行，所以可以轻而易举地从陆地进入水中。第一艘正规的气垫船于1959年开始航行。

我在哪里?

一旦进入广阔的海洋，你很难弄清自己身在何方。早期水手只在能够看到陆地的沿海航行，但他们很快就学会了利用太阳与星辰来判断位置。现存文献中认为，从大约375年开始，一种叫作星盘的青铜雕刻器具便开始帮助水手们确定他们所在的纬度，让航海家可以估算出他们在海上的时间和位置。中国人很早便已经发明了指南针，传到了西方后用于航海。

螺旋桨

1845年，"大不列颠号"是第一艘使用螺旋桨这种新颖发明跨越大西洋的铁壳船。

太阳能

2012年，"图兰星球太阳号"成为第一艘在太阳能电池驱动下完成环球航行的船只。

汽车　谁能造出更好的汽车

有了汽车，随时出发前往自己想去的地方就容易多了。它们从蒸汽驱动的四轮货车发展到了汽油、柴油或者电力驱动的车辆。

逐步发展

第一辆汽车是德国工程师卡尔·本茨于 1885 年制造的。它有 3 个轮子，发动机在驾驶员的座位下面。与自行车一样，轮子是通过链条带动的！没过多久，人们便制造了发动机在前面的四轮汽车。其他改进包括：引进了方向盘代替类似船舶舵柄的装置，增加了躲避风雨的封闭车舱。在很长的时间里，汽车都必须通过转动手柄来手工启动，直到人们发明了启动发动机，驾驶员才可以用开关来启动。

本茨驾驶着第一辆汽油动力车。

大规模生产

亨利·福特第一次以非常低廉的成本生产汽车，从1910年起生产了数百万辆。他是怎样做到的呢？

· 在他的工厂里，汽车沿着装配线缓缓移动，每个工人只对来到他面前的汽车做同样的工作。

· 从1915年至1925年，他只使用黑色油漆，因为它干得比其他颜色的油漆快。

· 由于采用了流水线，原本制造一辆汽车所需的12小时被缩短到了93分钟。

他最著名的汽车是T型车。19年间，它在美国卖出了1550万辆，在加拿大大约100万辆，在英国25万辆。这占全世界新车总数的一半。

发动机的变化

化油器将液体汽油变为雾状并与空气混合，接着在汽油驱动的发动机内被点燃。这是早期蒸汽、煤气和电力驱动发动机的重大进步，因为它更轻、更安全、功率更大。早期发动机在气缸内有上下运动的活塞。从1964年起，汽车开始改用有旋转部件的转子发动机。

不同的燃料

汽油与柴油这些化石燃料对环境与气候不利。现在的道路上已经出现了替代这些能源的汽车，比如电动汽车，它们有的是用燃料电池驱动的。这种电池可以利用氢或者氧，把化学能转化为电能。

变化中的道路

在第一家加油站于1905年在美国开张之前，驾驶员们一直在商店里购买罐装汽油。更多的汽车意味着更繁忙的公路，因此1909年引入了环状交叉路口，交通灯于1914年首先在美国出现。德国于20世纪30年代修建了第一条高速公路，可以大大缩短长途旅行的时间。人们还在道路上增加了斑马线，保证行人的安全……综合这一切，形成了我们今天看到的现代道路系统。

现代汽车带有舒适的**车厢**。

自行车　两轮绝尘

从 1886 年詹姆斯·斯塔利发明的安全自行车开始，100 多年的发展并没有让自行车的外形发生太大的改变。安全自行车取得了这一名头，因为它比以前的自行车容易骑得多。斯塔利发明了框架式的车型，并加入了其他技术，使他的自行车比之前更有用。

刹车

最早的刹车是一种卡钳，利用铰链对车轮边缘的摩擦力让车减速。最新式的刹车是作用在车轮中央的盘状物上。

老式脚踏车

前轮大后轮小的自行车

轮胎

人们把最早的自行车叫作"骨头松散器"，因为它骑起来非常颠簸。随后，木头车轮变成了金属车轮，接着，车轮外缘又加了固体橡胶。从 1888 年起，人们在轮胎里充上了气，这样骑起来就平稳多了！

更坚韧，更轻，更快

尽管形状基本未变，但现代自行车还是有变化的。人们现在用更结实、更轻的材料制造自行车，而且改进了其中每个部分，让骑车的人速度更快、更安全。

链条
脚踏板与一根链条连接，链条又跟后轮连接。带有齿轮和链条的机械最早出现于15世纪，而后来的蒸汽发动机有时候也用皮带传输动力，自行车链条的想法与它们类似。

齿轮
在装上了大小不等的齿轮圈之后，骑车人就可以很容易地骑车上坡，也可以在平路上骑得更快。

脚踏板
现代脚踏板可以让骑车人坐在两个轮子之间，而不是在前轮上面。1840年的第一种现代脚踏板是连在踏板上的，踏板将动力输送给后轮的杠杆。

约公元前 600 年

古希腊人沿着开凿在石头上的凹槽拉动木质船只。后来在欧洲，人们用驴子、马匹等，沿着类似的轨道或者木头轨道拉车。

1830 年

1830 年 9 月，在利物浦和曼彻斯特之间的第一列客运列车投入运营。铁路线上使用的是斯蒂芬森的"火箭号"机车，它的最高速度为每小时 58 千米。之后，铁路逐渐遍布英国，取替了一个世纪以来运送大量货物的最佳方式——运河网。

1774 年

詹姆斯·瓦特改进了蒸汽机的设计。

火车
车轮上的故事

1803 年

理查德·特里维西克在蒸汽发动机上装上了轮子，并建成了第一台蒸汽机车，用来在煤矿和钢铁厂里运送煤或者石头。

1840 年

英国的时钟都被调整到了同一时间，这样人们就可以使用火车时刻表了。随着北美和印度铁路网的发展，同样的事情也发生了。因为人们可以居住在距离他们的工作地点比较远的地方，因此城市也变大了。电线杆架设在铁路沿线，以改善通信，避免撞车。

1712 年

托马斯·纽科门成功地制造了第一台蒸汽发动机。煤矿用这种固定的机器往地面上抽水。

1994 年

连接英国与欧洲大陆的英吉利海峡隧道开通。当需要横跨英吉利海峡时，人们既可以利用轮渡，也可以选择英吉利海峡隧道。

1863 年

世界上第一个地下客运列车系统在伦敦开通。在 1890 年改用电力以前，这些列车的烟都很大。如今，许多城市里都有地铁系统。

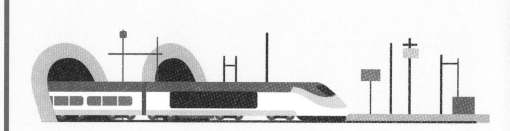

在火车发明之前，交通运输的速度非常慢。铁路机车的发明让人们易于远行，激励了新技术的发展，大大改变了人们的日常生活。

1869 年

一条东西向横跨美国的铁路线建成，全长 3077 千米。工程师们学会了如何用爆破方法修建隧道，以及如何建造坚固的桥梁，让列车通行。柴油和电力取代了蒸汽动力。

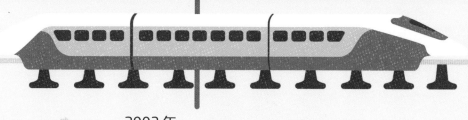

2003 年

世界上最快的客运列车——中国上海的磁悬浮列车首次开通，最高时速为 430 千米。磁悬浮列车没有车轮，它们利用磁力悬浮在铁轨上方行驶，这比柴油和电力列车节省燃料。

气球 天空竞渡

第一批在天空飞行的人没有使用翅膀，他们使用的是热空气。法国人约瑟夫·蒙哥尔费和雅克·蒙哥尔费兄弟是造纸商，他们注意到，在火焰中燃烧的碎纸会向上飞。他们对此非常感兴趣，并把越来越大的纸袋送上天空。他们认为，让纸袋升空的是一种叫作"电烟"的气体，而没有意识到，纸袋是在热空气的推动下上升的。

第一批人类上天

在成功地把带着一头绵羊、一只鸭子和一只公鸡的热气球送上天之后，蒙哥尔费兄弟准备将两个人送上天。1783 年 11 月 21 日，让－弗朗索瓦·皮拉特·罗齐埃和弗朗索瓦·劳伦特进入悬挂在一个巨大的热气球下面的篮筐，点燃了加热空气的麦草，接着他们便飞过了巴黎上空。当厚厚的纸气球开始燃烧时，劳伦特把一块湿海绵捆在干草叉子上，然后伸了出去，扑灭了火焰！

从此开始了热气球探空的狂潮。有些热气球用的不是热空气而是新近发现的氢气，氢气能上升是因为它非常轻。

2012 年，**菲力克斯·鲍姆加特纳**在 39000 米的高空中从气球上跳下，创造了高空跳伞的纪录。他以快于声速的速度下降了 10 分钟，达到了每小时 1342 千米，然后打开降落伞，在美国新墨西哥州的沙漠中降落。

1797 年，一个热气球在飞越巴黎上空时爆炸了，飞行员在另一项新发明的帮助下死里逃生：降落伞。

1999 年，**波特兰·皮卡德和布莱恩·琼斯**乘坐热气球环游世界。他们在 19 天 21 小时 55 分钟里飞行了 40814 千米，完成了最长的飞行。他们是靠热空气和另一种很轻的气体——氦气飘浮在空中的。

莱特兄弟 欲与蓝天试比高

奥维尔·莱特和威尔伯·莱特兄弟在成长的过程中，喜欢玩一架用橡皮筋驱动的玩具直升机。后来，受到了滑翔机照片的启发与研究了鸟类之后，他们利用自己身为自行车制造专家的实际技巧，建造了世界上第一台飞行器。

威尔伯生于1867年，他的弟弟4年后降生。他们经常搬家，他们在学校里的成绩不好，两人非常要好。成年之后，他们开了一家自行车修理铺，并意识到他们可以制造比修理的那些自行车更好的机器。

他们用风筝和滑翔机做实验，在沙丘上放飞，让它们软着陆。兄弟俩学得很快，在已有的设计上做了许多改进，其中包括：

· 在机尾安装了一个方向舵，可以像船只那样操纵飞机的方向。

· 一个水平襟翼，以增加升力。

· 楔形机翼，可以让空气围绕着滑翔机流动，有助于保持滑翔机向上。

兄弟俩在另一个新发明——风洞中检测他们的想法。现在他们需要实现动力飞行。他们特地制造了一台尽可能轻的发动机。它可以让两个将空气高速向后推的螺旋桨旋转，从而推动飞机向前。

1903年12月17日，他们驾驶着一架飞行器，进行了人类史上第一次动力飞行。飞机诞生了。

奥托·李林达尔，人类飞行的先驱，他激发了莱特兄弟的灵感。

莱特飞行器 >

"太阳脉动2号" >

波音747

继续前进

自从莱特飞行器首次飞行以来，人们对飞机的研发有了很大的进步，其中包括：

· 喷气式发动机能让飞机飞得更快、续航时间更长。这是1937年的发明，两年后就安装在第一架喷气式飞机亨克尔 He 178上。

· 人们于20世纪30年代开始使用雷达，这样可以在远处监测飞机。

· 第一架宽机身喷气式民用飞机是波音747大型喷气式飞机。它从1970年起投入运营，可以很轻松地带着许多旅客在空中进行长途旅行。

· "太阳脉动2号"是以太阳能为动力的飞机。2016年，它环球飞行了4万千米，没有使用一滴化石燃料。镶嵌在它72米长的翼展上的太阳能电池板能够收集足够的能量，可以让一架重量相当于卡车的飞机飞行。

1926 年

美国科学家罗伯特·戈达德用氧和汽油作为液体燃料，发射了一枚小型火箭。

1963 年

人们发射了一颗地球同步卫星，它的运转周期与地球相同，因此永远固定在地球同一位置的上空。今天，大约 7300 颗人造卫星围绕地球运转。只有通过它们，人们才能接收电话与电视信号，通过全球定位系统（GPS）发给导航系统数据，以及观察与测量天气。

1957 年

苏联发射了第一颗人造卫星。人造地球卫星 1 号的大小相当于一个沙滩大充气球，它绕地球一圈大约需要 98 分钟。

火箭
竞赛的目标：太空

1961 年

在持续 108 分钟的航行中，苏联宇航员尤里·加加林成为进入太空的第一人。两年后，瓦莲京纳·捷列什科娃成为第一个进入太空的女性，她在 3 天内环绕了地球 48 周。

1942 年

在第二次世界大战期间，德国开发了第一种远程火箭：V2 导弹。

1969 年

尼尔·阿姆斯特朗成为第一个登上月球的人（见第 58 页）。

1998 年

国际空间站核心功能舱发射升空。它是人类有史以来送入太空的最大物体，第一批航天员于 2000 年入驻。它围绕地球一圈需要大约 90 分钟，每秒钟飞行约 8 千米。

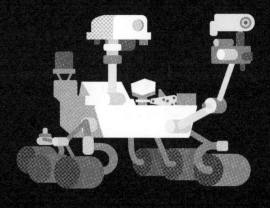

1977 年

双子航天器"旅行者 1 号"和"旅行者 2 号"发射升空。它们给我们发回了遥远行星的信息和照片，而现在它们已经离开了太阳系，进入了星际空间。

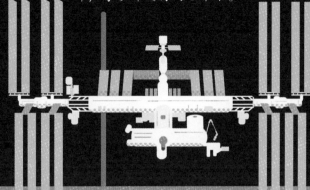

2012 年

"好奇号"火星探测器登陆火星。它是在这颗红色行星上登陆的最大、最先进的探测器之一。

许多个世纪之前，中国人便把焰火送上了天空。但将物体和人送入太空是人类最近的成就，因为这需要更多的知识和能量。

1981 年

"哥伦比亚号"航天飞机发射升空。它是第一台可以重复使用的航天器，在 2003 年的爆炸灾难发生前共飞行了 28 次。

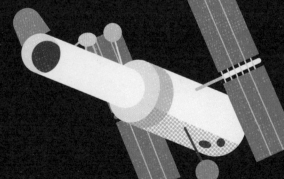

1990 年

哈勃空间望远镜发射升空。后来，航天员又多次在太空中对它进行了检查和修理，替换陈旧的仪器。

"阿波罗11号" 竞窥月宫，谁折桂

1969 年 7 月，尼尔·阿姆斯特朗和巴兹·奥尔德林驾驶"鹰号"登月舱登上月球，成为第一批踏足宇宙中其他星球的人。

登上月球或许是人类最伟大的成就之一。它需要最新的科技、大约 40 万人的团队以及航天员的勇气与技能。下面是亲临其境的人讲述的登月故事。

1961 年 5 月 25 日，美国总统约翰·F. 肯尼迪宣布了美国的航天员登月计划。

"我相信，在这个 10 年结束之前，这个国家将致力于实现人类登月并安全返回地球的目标。"

1969 年 7 月 16 日，"阿波罗 11 号"带着 3 名航天员，尼尔·阿姆斯特朗、巴兹·奥尔德林和迈克尔·科林斯发射升空。美国国家航空航天局的杰克·金在美国得克萨斯州休斯敦的约翰逊航天中心为登月飞行倒计时：

"十二，十一，十，九，点火程序启动，六，五，四，三，二，一，零，所有发动机启动。发射！我们已经成功发射 32 分钟了。'阿波罗 11 号'发射成功。"

"阿波罗 11 号"刚刚进入预定轨道，阿姆斯特朗和奥尔德林便坐上了"鹰号"登月舱。当"鹰号"接近登陆地点时，警示灯闪了一下。

"程序报警，1202 号警报。"

阿姆斯特朗被告知不必理会这一警报。然后他意识到，他们正在逼近一个崎岖不平、颇有危险的陨石坑，所以他继续飞行，并在还剩下 30 秒燃料的时候登陆。

已经着陆。"

着陆几小时后，阿姆斯特朗走下登月舱，踏上了月球表面。

"着陆灯。就绪。发动机熄火……休斯敦，这里是静海基地'鹰号'

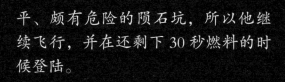

"这是我个人的一小步，但却是人类的一大步。"

奥尔德林和阿姆斯特朗在月球上留下了一块牌匾，纪念这一历史性时刻。

"在这里，来自地球的人们第一次踏足月球。1969 年 7 月。我们为全人类的和平而来。"

一年后，当被问及月球基地的时候，阿姆斯特朗谈到了未来在月球上的定居点。

"我相当肯定，在我们的有生之年，将会拥有这样的基地，它们有些像南极站。"

科学的世界

为什么我们不能飞？为什么我们会生病？世界是如何运转的？……让我们了解一下，杰出的科学家团队是如何发展医药、物理学、生物学和天文学的领域，并告诉我们这个世界的运行机制的。

活下去！人类与疾病一比高下

过去，人们一直都不知道疾病是怎样产生的。14 世纪，一场大瘟疫让整个欧洲的几千万人丧生，因为人们想出的一切治疗方法都收效甚微。但后来的一些医疗成果拯救了千百万人的生命。

瘟疫面罩
鸟嘴里放着草药，目的是保护 14 世纪中叶的医生不受瘟疫感染。

新疗法

天花是一种致命的传染病，在 18 世纪，10% 的英国儿童因天花丧生。爱德华·詹纳听一个奶牛场女工说，她得过一种叫作牛痘的比较温和的病，病好了之后就不会感染天花了。经过调查研究，1796 年，詹纳把牛痘脓植入男孩詹姆斯·菲普斯的皮肤中，过了一段时间之后，又在菲普斯的伤口中植入了天花脓。这是一项危险的尝试，但这种方法生效了，菲普斯没有罹患天花。詹纳把这种疗法叫作"接种疫苗"。人们过了一段时间之后才接受了这种想法，医生们开始针对多种疾病为人们接种疫苗，包括 1897 年开始的瘟疫。

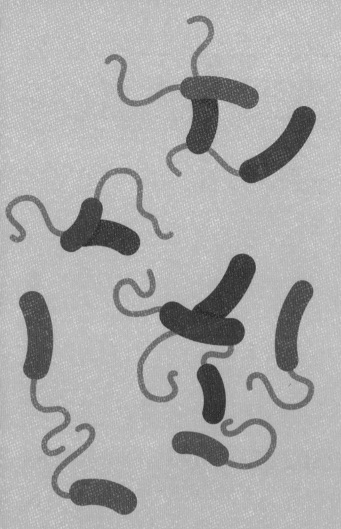

更安全的手术

19世纪60年代，约瑟夫·李斯特注意到，在外科医师切开病人的身体做手术时，许多病人没有在手术中去世，而是死在手术后。他根据巴斯德关于细菌的理论，制定了我们今天视为理所当然的手术规则：

· 手术医师每次手术前必须洗手。

· 器械必须消毒，保持无菌。

· 手术室必须非常干净。

· 伤口必须用渗透了温和酸液的绷带覆盖，以杀死细菌。

他是对的，人们称他为"外科消毒法之父"。

什么是细菌

在19世纪，霍乱是一种非常危险的疾病，能够让患者很快丧生。大部分人认为疾病来自"不好的空气"，所以许多疗法使用草药和花来产生芬芳的气味。但在1854年，约翰·斯诺利用一张地图告诉人们，许多人是因为喝了来自同一个水泵抽上来的脏水得病的。当他拿走了水泵的手柄让水泵无法使用之后，霍乱病人便减少了。斯诺和其他人的研究帮助路易·巴斯德证明，引起疾病的是细菌这种微生物。

抗生素

1928年，亚历山大·弗莱明注意到，在细菌的培养皿中有一个毛茸茸的霉点。他本可以把这种霉菌清除，但却意识到它正在杀死细菌，他称其为"青霉素"。在10年之后，霍华德·弗洛里和恩斯特·钱恩开始研究制造足够多青霉素的方法，并用来治病，因此在1939—1945年间的第二次世界大战中拯救了许多人的生命。这一发现让我们今天可以使用抗生素治疗细菌引起的疾病。

查尔斯·达尔文 进化是我们的诀窍

我们知道，人类的祖先曾是一种古猿，并在成千上万年中不断适应和改变才进化成人。然而，如果你在 200 年前这样说，当时的人们会认为你是个疯子。在理解人类起源的问题上，查尔斯·达尔文做出了非常重要的贡献。

达尔文于 1809 年生于英国的什鲁斯伯里。他 8 岁时母亲去世，姐姐们帮忙把他带大。他不是很喜欢学校，学习了宗教知识，但他对动植物很感兴趣。

1831 年，英国皇家海军战舰"贝格尔号"出发研究南美洲海岸，达尔文随船出海。这次旅行历时 5 年，包括多次在陆地上长时间停留——这对于达尔文不是什么坏事，因为他晕船严重。他们停靠的地点包括巴西、澳大利亚和太平洋中的科隆群岛。

达尔文不仅研究了植物和动物，还研究了发现的岩石和化石。他看到：

· 许多成为化石的动物已经灭绝了。

· 地球的年龄要比《圣经》里说的大得多。

· 同一种动物有许多不同的种类，例如许多类似的鸟有形状不同的喙。

过去

现在

新发现

达尔文花了 20 年的时间来思考和写下自己的新发现。在那个时候，许多人相信《圣经》中上帝创造世界万物的故事。也有一些人相信生物是随着时间变化的，它们会获得上一代的特征和行为，但有时候会出现微小的新变化。1859 年，达尔文出版了一本书，其中写道：

· 许多不同的生物有同一个起源。

· 动物和植物并非一成不变，而是会在时间推移的过程中适应环境。

· 无法以这种方式改变自身的弱小生物会灭绝。

在这本书后来的版本中，他使用了"适者生存"这个词语。他的主要观点被称为"自然选择"，至今还是学生的学习内容。

治好我！ 医疗百花盛开

古埃及人将尸体晾干，在其中填充东西并用绷带缠裹，制成木乃伊。他们还将尸体的内脏取出，存放在罐子里。他们把心脏这类主要器官保存起来，但却扔掉了大脑，因为认为大脑不重要！以下是从古代到现在在认识与治疗我们的身体方面，取得的一些成就。

大脑

古人曾经做过大脑手术，包括开孔，即在头颅上钻一个洞，而且有时候是有效的！哈维·库欣是第一位现代大脑外科医师，他曾于1908年切除了头颅内的有害肿瘤。

眼镜

最早的眼镜可能是在13世纪的意大利制造的，那里有绝佳的玻璃制作技巧。最早的隐形眼镜出现于1887年。

牙齿

约从1851年起，假牙可以安装在橡胶底座上，然后镶在牙龈上。这种方法是由查尔斯·古德伊尔发明的，直到现在，以他的名字命名的固特异公司仍然是橡胶轮胎工业的著名公司。

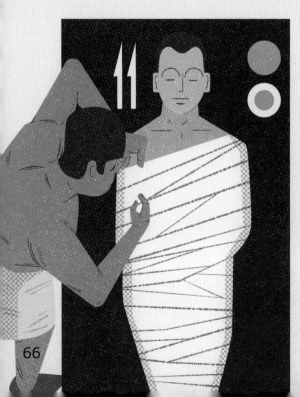

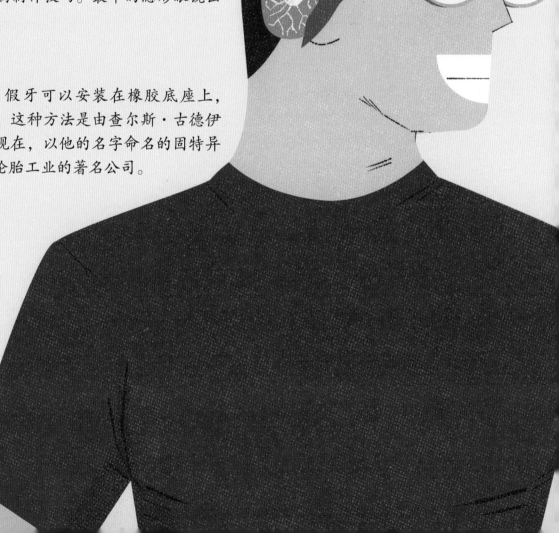

助听器

已知的第一款助听器于 1800 年开始出售，是漏斗形的"耳朵喇叭"。今天的微型助听器是用微型的充电电池供能的数字产品。

心

1628 年，威廉·哈维证实了心将血液泵往全身的方式，以及静脉中存在瓣膜来阻止血液回流。1932 年，人们发明了第一个让心保持跳动的"人工起搏器"。第一台心脏移植手术于 1967 年实施。

肾

肾能过滤血液中的废物。肾移植长期未能成功，直到美国外科医师约瑟夫·默里认识到身体的免疫系统会排斥之后，这一情况才有所改观。1954 年，他成功地在一对同卵双胞胎之间做了移植手术。从 20 世纪 60 年代起，人们就在研究解决免疫系统排斥问题的药物。

手

1759 年，安布鲁瓦兹·巴雷写下了一份报告，叙述了他如何制造并安装了一个假手，这个假手有个铰链，可以更自如地移动。他也制造假臂与假腿。

髋

1891 年，地米斯托克利·格卢克用象牙制成的人造关节替换了一个病人的髋关节。

膝盖

第一次换膝手术于 20 世纪 50 年代实施。

血液

早在大约公元前 500 年，古希腊人便知道动脉（从心脏运送出血液）和静脉（将血液送回心脏）有所不同。从 1902 年起，我们知道人类有四种主要血型。有了这一认识后，输血就比原来更成功了。

指纹

人们早就知道，我们每个人都有自己特定的指纹。在 1892 年，阿根廷警官胡安·伍塞蒂赫曾在一起谋杀案的侦破中利用了指纹的这一特点。

人体 怎样才能更好地看清身体内部

能够在不切开皮肉的情况下看到身体内部，有助于让很多人身体健康地活下去。除了在医学方面的重要性之外，这些技术在其他领域也很有其价值。

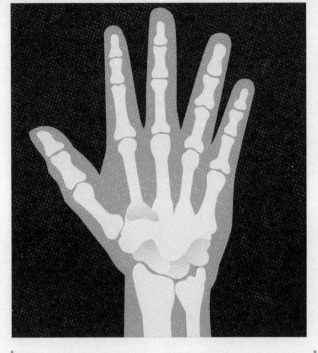

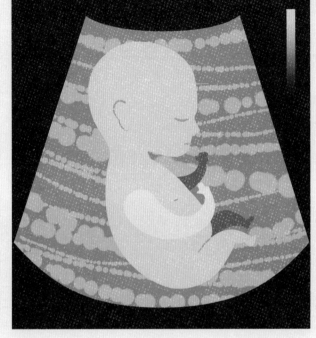

	X 射线透视	超声波检查
显示图像的方法	**X 射线透视。**这些看不见的射线能够穿透软组织，但不易穿过骨头。过多照射对人体有害。	**超声波检查。**它能测量声波需要多长时间才会反射，或穿透某种物质。
发现者	威廉·伦琴于 1895 年发现。他是在研究穿过气体的电子流时偶然发现这种光线的。	从 20 世纪 50 年代开始，伊恩·唐纳德医生利用已有的声音知识，尝试在医学上利用超声波。
用途	观察人体内的骨头和其他固体物质。	打碎人体内的肾结石，检查孕妇子宫内胎儿的情况。
一些非医疗用途	在机场检查行李，扫描运载货物，观察外太空，检视旧画作各层油墨下的物质。	检查桥梁等结构的损坏与裂缝。超声波也可用于在水下找到物体并测量深度。蝙蝠利用超声波在黑暗中视物！

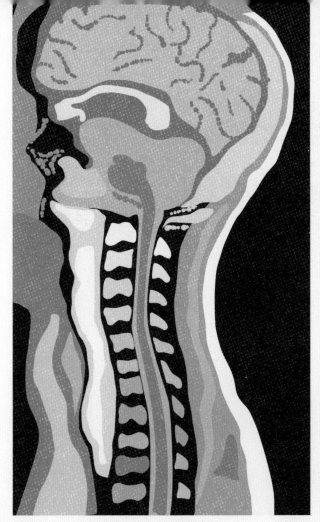

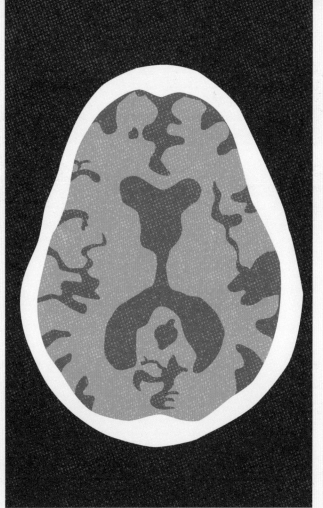

认识我们的 DNA

20 世纪 50 年代，英国科学家罗莎琳·富兰克林用 X 射线展示了 DNA（脱氧核糖核酸）分子的基本形状与结构。这帮助了美国科学家詹姆斯·沃森和英国科学家弗朗西斯·克里克确定了 DNA 的结构，DNA 携带着细胞生存所需的指令。这一重大发现具有医疗用途，在刑事案件的侦破中也有价值，因为我们在任何地方都会留下自身 DNA 的痕迹。

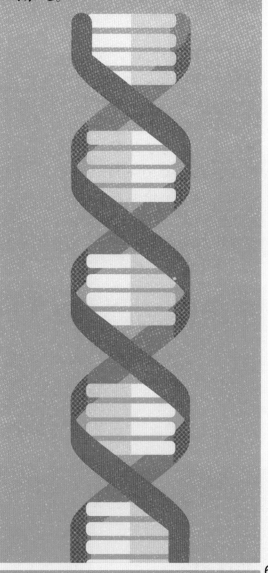

MRI（磁共振成像）。它的工作原理是让无害的无线电波穿过人体磁场。	**CT 成像**。结合多个 X 射线扫描所得的图像创建一个三维图像，类似于将多个面包片组成整条面包。
多位科学家和医生，包括保罗·劳特布尔、皮特·曼斯菲尔德和雷蒙德·达马地安。于 1972 年第一次投入使用。	由工程师高弗雷·豪斯菲尔德和物理学家艾伦·科马克于 1972 年开发出第一台 CT 机。
显示关节的运行情况，确定体内多余的组织生长处。	最早用于观察大脑内部，现在也用于观察身体的其他部位。
分析化学物质，检查食物中的水和脂肪含量。	找出机器部件中的瑕疵，发现矿井中的矿物质，检测爆炸物。

玛丽·居里 揭开放射性的神秘面纱

玛丽·居里（居里夫人）是第一位被人承认为科学家的女性，而且她还赢得了国际奖项——诺贝尔奖（事实上她获得过两次，一次物理学奖，一次化学奖）。她在放射性方面的研究拯救了许多生命，但她自己最终死于放射性工作导致的疾病。

玛丽于1867年生于波兰。小时候，她的大姐和母亲先后病死，这让她不再信仰上帝，而转投科学。她喜欢学习，但在她的祖国，女性无权进入大学读书，于是她靠艰辛地工作，凑足了学费，于1891年前往法国巴黎，在那里的一所大学就读。在此之后不久，威廉·伦琴发现了X射线（见第68页），而且亨利·贝克勒尔也意识到，铀也会发出类似但却不同的射线。玛丽和她的新婚丈夫皮埃尔·居里决定进一步研究。

居里夫人在她的职业生涯中取得了一些重要发现，其中包括：

·证明了原子并不是物质的最小形式。

·发现了两种新元素。

·发现镭可以治疗癌症。

·制造了一种便携式 X 光装置，在第一次世界大战（1914 — 1918）中用于医疗。

居里夫妇花费多年，测试一种叫作"沥青铀矿"的奇怪且稀有的岩石粉末。"有时候，我不得不整天用一把和我差不多高的沉重铁棒搅拌大量沸腾物质。"玛丽写道。

她的付出得到了回报：她在数以吨计的岩石粉末中发现了一种新元素的痕迹，并以自己祖国波兰的名字将这一元素命名为钋。

1906 年，皮埃尔·居里在一次车祸中被马车撞倒，悲剧性地离开了人间，但居里夫人继续工作，并于 1910 年生产出少量银白色的新元素——镭。但那时没有人知道，大剂量的放射性暴露对人体有害。最终，放射性暴露和她对 X 射线所做的工作让她在 1934 年溘然长逝。她的笔记本仍然具有高度危险的放射性，现在被放置在带有保护性铅衬的箱子里。

基本建筑单元

元素是一切物质的基本建筑单元，无论是你、地球还是宇宙。居里夫人发现的元素加入了元素周期表。这张表是说明不同的元素性质和相互关系的一种方法。它是由德米特里·门捷列夫于 1869 年设计的。他是从一个游戏中获得的灵感，其中所有的牌都按行与列排列。他还留下了一些可以填入新元素的空白。居里夫人在这样的几个空白中填入了新元素。

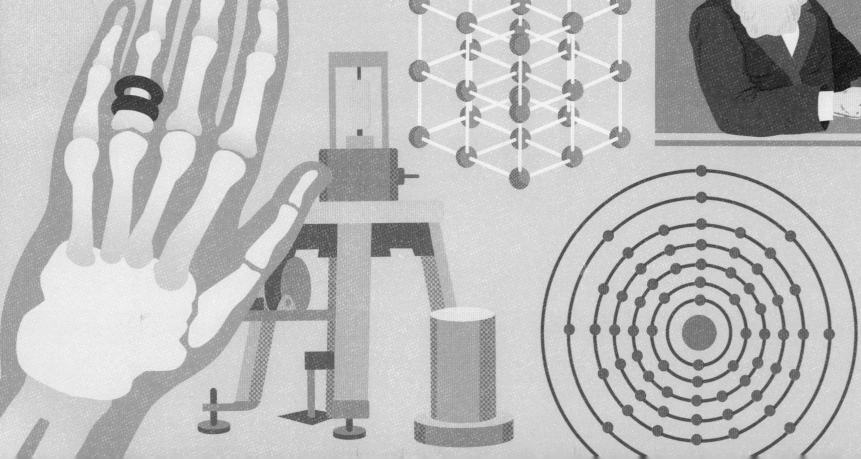

仰望星空 破解星辰秘密的努力

千百年来，人类不知在仰望星空时有过几多怅惘，发出过几多赞叹。仔细观察能够发现一些规律。巨石阵中排列成圆形的石头，就是早期人类建筑的一个例子——它具有与日出遥相呼应的结构。人们曾经假定，日月星辰都围绕着位于宇宙中心的我们高速旋转。我们现在知道，情况并非如此。

太阳是一颗恒星

一些古希腊人也认为太阳是一颗恒星，但这一说法并未得到大众的广泛接受。1543 年，尼古拉斯·哥白尼提出，地球和其他行星围绕太阳旋转，这在当时是一个颠覆性的理念。大约 50 年后，意大利人乔尔丹诺·布鲁诺公开宣称太阳是一颗恒星，但他被活活烧死作为惩罚！我们现在知道，哥白尼和布鲁诺是对的。太阳是一颗恒星，太阳系中的行星都围绕着它旋转。

还有其他行星

火星　早期人类文明将火星视为与恒星不同的一道明亮的光。1609 年，约翰尼斯·开普勒证明，火星的轨道不是完美的圆形，这在当时是一个令人震惊的想法。

金星　有关金星的最早的文字记载可以追溯到公元前 1600 年。1610 年，伽利略·伽利莱注意到它会像月球有阴晴圆缺一样改变形状，而且它是围绕太阳旋转的。

水星　生活在大约公元前 1000 年的亚述人，在文字作品中称水星为"跳动的行星"。后来，古罗马人以他们的信使之神的名字为它命名，因为它在宇宙中运动得非常迅速。

土星和木星　大约公元前 700 年的亚述文字作品便写到了土星和木星。伽利略通过望远镜看到了土星的环，但他看到的图像非常模糊，他认为它们可能是卫星或者是耳朵！他是第一个注意到土星有 4 颗卫星的人。

天王星　威廉·赫歇耳于 1781 年发现了天王星，尽管他认为这是一颗彗星。

海王星　1846 年，伽勒根据亚当斯和勒威耶的数据，确认了这颗气态巨行星。

冥王星　1930 年，克莱德·汤博通过观察和计算发现了冥王星。后来我们知道，他的运算有错误，但他还是找到了这颗行星！2006 年，冥王星惨遭降级，被归入矮行星的行列。

还有其他星系

1929 年，埃德温·哈勃发表了他的计算结果，证明在银河系之外还有大批恒星。现在我们知道，除了我们所在的这个星系之外，还有其他的星系。

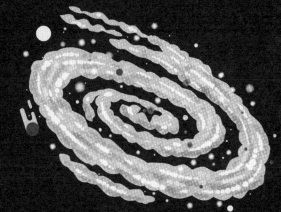

我们的宇宙起源于大爆炸

1965 年，天文学家阿诺·彭齐亚斯和罗伯特·威尔孙为来自外太空的离奇嘶嘶声而困惑不解。他们清洗并检查了自己的设备，寻找瑕疵，最后才意识到，这是来自遥远的时间长河发源地的声音——是创造了宇宙大爆炸的宇宙微波背景辐射。

艾萨克·牛顿

求解引力之谜的步步艰辛

艾萨克·牛顿是一位伟大的科学家，他帮助我们加深了对世界的认识。牛顿生于1642年，当时他的父亲已经去世，而且不久后，母亲便把他送去和外祖父母一起生活，他们的家里有一座果园。牛顿聪明而且富有创新力：他建造了一个用老鼠驱动的风车，他喜爱放风筝，还在拴风筝的绳子上捆上灯笼，他自学了许多科学知识。

到了15世纪，天文学家已经知道了地球的自转以及行星围绕太阳的公转。但他们不明白的是：我们为什么不会从地球上掉下来，或者说行星的轨道为什么固定不变。据说某一天，果园里有一个苹果从树上掉了下来，这让牛顿陷入了沉思：为什么它沿着直线而不是曲线落下来，也不向旁边飞呢？他意识到，有一种看不见的力作用在苹果上，作用在地球的一切东西上，也作用在宇宙中的星球上。

根据"重量"的拉丁语，牛顿给这个力取名为"万有引力"，而在1687年，他写下了有关力的一套定律，其中宣称：

· 物体沿着它们受到推力的方向运动，而且一直保持直线运动，除非有什么力量使它们减慢速度或者偏离方向。

· 力会使物体克服惯性，产生加速度。

· 如果一个物体沿着一个方向推动另一个物体，则这个物体一定会受到一个大小相等的力的反向推动。我们称它为反作用力。

突然间，宇宙的意义更加明确了。

牛顿也研究了光，并证明彩虹是白光色散为不同颜色时形成的。他也制造了一个使用反射镜而不是透镜的望远镜，可以更清楚地看到实物的图像，今天庞大的望远镜仍然使用这一方法。

引力的进一步发展

阿尔伯特·爱因斯坦（1879 — 1955）是另一位自学科学的创新思想家。他将牛顿的工作向前发展许多步，而且证明在速度达到了光速之前，牛顿提出的定律非常有效。爱因斯坦以及其他人的研究帮助我们更好地理解了宇宙，并让我们开发了核能。

黑洞

1783年，英国科学家约翰·米歇尔提出猜测，牛顿的著作说明有可能存在一些引力极强的物体，即使光也无法逃脱它们的引力魔爪。爱因斯坦的研究支持这一想法，而天文学家路易丝·韦伯斯特和保罗·穆丁于1971年第一次发现了黑洞。

科技

自从人类将石头磨成刀刃，并安上手柄做成斧头以来，人类就有了珍贵的工具。科技改变了我们的世界，让我们可以即时交流，帮助我们生产更多的食物，以数不清的方式让生活更加美好……让我们看一下，有多少发明是在前人工作的基础上演变而成的。

1600 年

英国医生兼科学家威廉·吉尔伯特在他有关磁学和静电学的著作中第一次使用了"琥珀电性"这个词。据说，这个词是他从意思为"琥珀"的古希腊词中发展而来的，琥珀是一种树脂的化石，古希腊人利用它与毛皮摩擦产生静电。

1786 年

意大利生物学家路易吉·伽伐尼让一只死青蛙的两条腿与两块金属接触，结果青蛙腿会发生痉挛。他认为电流来自青蛙体内。

1827 年

法国科学家安德烈·马里·安培证明，电与磁的共同作用产生了一种力。电流是以安培为单位测量的。

电火花
风驰电掣，追赶电的脚步

1800 年

亚历山德罗·伏特意识到，他的朋友伽伐尼的金属产生了电流，然后他发明了一个存储电能的电池。让带电电子沿电路运动（形成电流）的"推动力"电压是以伏特为单位的。

1752 年

据说，美国科学家、政治家本杰明·富兰克林曾在雷雨天里放风筝，还把一把金属钥匙捆在淋湿了的风筝线上。电火花从钥匙跳到他的手上，证明了闪电带电。他很幸运，没有被闪电劈死！

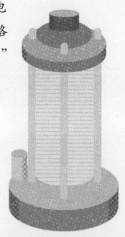

1821 年

英格兰物理学家迈克尔·法拉第制造了第一台简单的电动机。他于10年后发明了一台发电机，并证明磁场可以产生电。

1877 年

美国人托马斯·杜利特尔发现了一种制造坚韧细铜丝的方法，人们用它做电报线（见第 86 页），后来也用来做电话线。

1882 年

爱迪生在纽约设计了第一座发电厂。

1897 年

英国科学家约瑟夫·约翰·汤姆森爵士证明，电子可以在原子之间运动。这种运动形成沿着导体传输能量的电流，现在我们知道电内部是怎样运作的了。

创造电来照明与提供能量是人类的伟大成就之一。没有电的世界是无法想象的，但人类征服电的道路艰难而又漫长……

1879 年

美国发明家托马斯·爱迪生改进了电灯泡，电流在其中加热细灯丝，然后发出光芒。现在，我们家里都有了明亮、安全的照明工具。过去，人们依赖蜡烛、鲸油灯和煤气灯，它们气味很大，多烟而且危险。

1893 年

尼古拉·特斯拉获得了交流电发电机安装合同，交流电是一种安全可靠的电源，直到今天还在用来传输电能。

1898 年

伦敦的豪华百货商店哈罗德开通了第一台电动扶梯。电气化时代开始了。从此以后，人们发明了一大批家电器具，包括电动的洗衣机、洗碗机、冰箱和烤箱。

轮子 转折点

轮子或许是我们最重要的发明之一。它让早期的人们可以开始运送重物，而在今天仍然对于我们的生活至关重要——几乎一切机器外部都装有轮子。

转动的故事

约公元前 3500 年的陶器制造者利用转轮，帮助他们将黏土制作成碗胚。这或许就是用于运输的轮子的灵感由来，又或许这一想法来自另一个灵感，将沉重的物体通过放在树干上滚动进行运输。

很快，人们便使用大车来携带沉重或者大块头的东西，在战争中使用战车远距离作战。早期的轮子是实心的圆盘，但在辐条发明之后就变轻了。在大约公元前 500 年，人们用金属外轮包裹木头，让轮子变得更加坚固。19 世纪，填充空气的橡胶轮胎让乘车旅行变得更加平稳。

水力

最晚从公元前 1 世纪起，人们便通过水轮利用滚滚江河中的水力。这是替代人或者动物来驱动机器的一种方法。

织布的轮子

人类用纺车将纤维纺成线。在许多个世纪中，这种装置对于制造纱线或者织布的线都是至关重要的。从1764年起，珍妮纺纱机大大提高了生产纱线的速度，一台这样的机器能做8台纺车的工作。

滑轮

让绳子绕着轮子滑动，这就做成了一个滑轮，是一种提升与放下船帆之类重物的装置，也是起重机可以提升建筑材料修建摩天大楼的原因。

齿轮

轮缘上分布着许多齿，在它转动的时候可以传递能量，这就是齿轮，多个齿轮互相咬合是许多传动装置的工作方式。机械钟是使用齿轮的一个早期例子。之前，人们全靠太阳的位置估算时间，或者使用水漏、沙漏等计时。

计算机 数据争夺战

发明计算机并把它们在全世界联网，这是人类的伟大成就之一。这一成就是由许多个小步骤造就的，包括制造具有庞大记忆存储量的微小芯片。计算机是我们日常生活的一个部分，无论是玩游戏还是管理工厂。

第一台计算机体态庞大，而且能力不是很强。到了 20 世纪 80 年代，个人计算机已经可以在家中使用了。

1804 年，法国人**约瑟夫 - 马里·雅卡尔**获得了一种使用穿孔木头卡片织布机的专利。它与早期计算机工作方式相同。

算盘是人们使用的早期计算器。

1834 年，**查尔斯·巴贝奇**设计了一台能够做复杂计算的机器。如果他筹集资金把它造了出来，就会成为世界上第一台计算机。1842 年，**埃达·洛夫莱斯**创造了可以用于分析机的穿孔卡片，世界上第一位计算机程序员就此诞生！

2007 年见证了第一款**智能手机**的问世，计算机的许多特点被放到了一个小小的屏幕上。3 年后，第一代平板电脑接踵而来。

1969 年，美国政府发现了一种将计算机连接在一起的方法，这就是**第一个计算机网络**。互联网指由多个计算机相互连接而成的网络。

蒂姆·伯纳斯·李于 1989 年发明了**万维网**，这就是互联网中带有网站和网页的那个部分，也就是网址中 "www" 的含义。

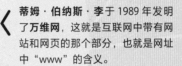

为什么顺序是 QWERTY

计算机键盘的字母模式是从打字机照搬过来的。1874 年进入市场的打字机的打字速度超过了用笔写字的速度。人们用第一行的头几个字母 QWERTY 代表这种字母布局，据说用这种方式是为了防止高频字母太密，因为这样让人们无法打字打得更快。

在人们于 1977 年用"手指滑动"的方法发出第一条指令之前，**触屏**的想法已经存在了一段时间了。

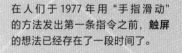

在 1939—1945 年的第二次世界大战期间，**阿兰·图灵**创造了能够破解敌人密码的机器。

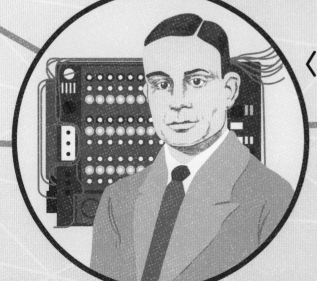

动力 能源之争

早期人类使用燃料取暖与照明。当发明了能够工作的机器后，人类把动物拴在机器上，让它们驱动轮子。但后来人类发现，可以用燃料驱动机械装置。气候的变化迫使我们改用可再生而且不那么有害的能源。

火

早期燃料包括草秸、粪便、泥炭（腐化的植物物质）和木头。之后，人类在地下挖出了能够产生更高温度的煤，它是驱动蒸汽机的优良燃料。1850—1945 年，煤是我们最重要的燃料，而且我们也可以使用由煤产生的煤气。1859年，第一口油井在美国宾夕法尼亚州钻探成功，标志着石油能源时代的到来。除了作为燃料，石油也是制造塑料的原料。最近，我们又开始使用植物物质、粪肥和气体有机物作为燃料，因为它们是可再生能源。我们称它们为生物燃料。

水

作为能源，水曾经像今天的石油一样重要。高速流动的水流能驱动轮子，所以我们在河边建造了磨坊，将谷物碾压成面粉。之后，我们在河上修筑堤坝控制水流，修建了水电站，使用飞转的汽轮机产生电力。美国第一个水电站于 1882 年在威斯康星州建成。我们现在也通过波浪和潮汐的运动获得能量。

风

利用风碾压粮食的机械装置放置在田野里，而不像之前放在河边。今天，风动发电机通过转动涡轮发电。

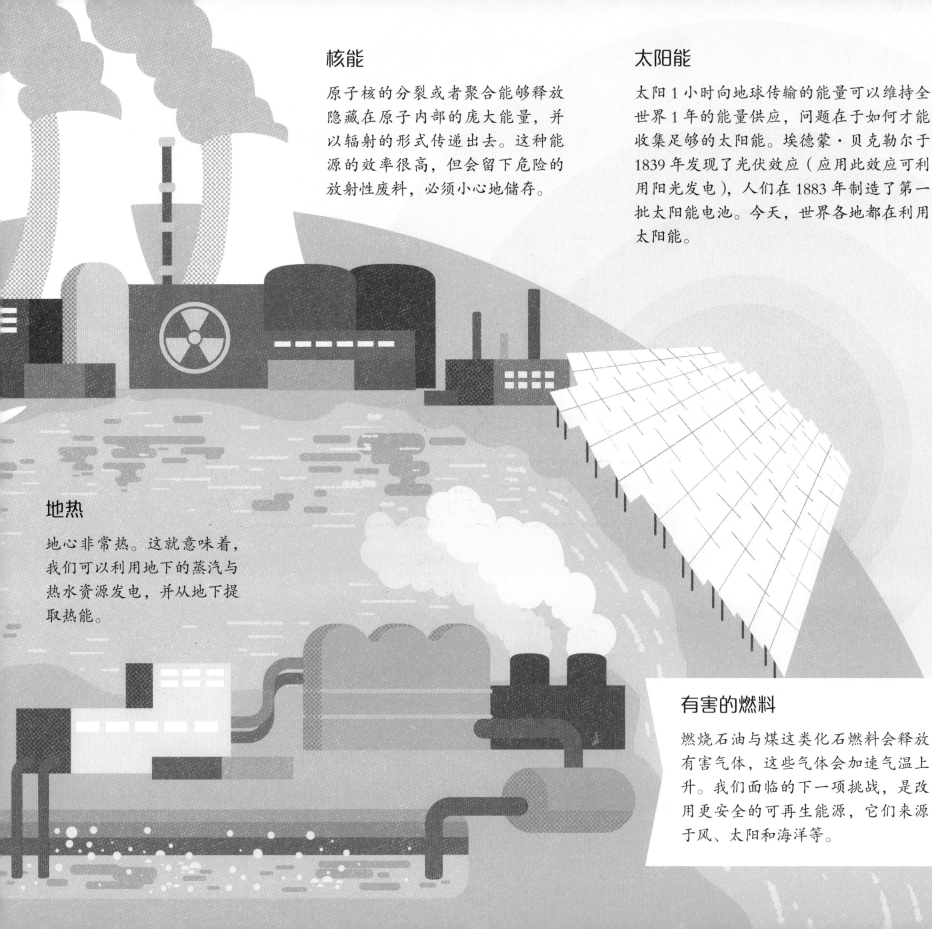

核能

原子核的分裂或者聚合能够释放隐藏在原子内部的庞大能量，并以辐射的形式传递出去。这种能源的效率很高，但会留下危险的放射性废料，必须小心地储存。

太阳能

太阳 1 小时向地球传输的能量可以维持全世界 1 年的能量供应，问题在于如何才能收集足够的太阳能。埃德蒙·贝克勒尔于 1839 年发现了光伏效应（应用此效应可利用阳光发电），人们在 1883 年制造了第一批太阳能电池。今天，世界各地都在利用太阳能。

地热

地心非常热。这就意味着，我们可以利用地下的蒸汽与热水资源发电，并从地下提取热能。

有害的燃料

燃烧石油与煤这类化石燃料会释放有害气体，这些气体会加速气温上升。我们面临的下一项挑战，是改用更安全的可再生能源，它们来源于风、太阳和海洋等。

公元前 3200 年的文字

最早的文字是写在潮湿的黏土板上的，然后在大约公元前 2500 年，古埃及人主要用类似于纸的书写材料——纸草纸。人们也在蜡、石头和兽皮或者植物纤维上写字。军队开发了密码，这样即使发出的信息被敌方截获，也仍然可以保住机密。

1448 年，印刷

在欧洲，书籍都是手写的——这种状况在谷登堡发明了欧洲活版印刷术之后大为改观。有史以来第一次，欧洲人可以大批量生产同一本书。然而，大部分人都还是文盲，所以这主要还是为受过教育的人服务的，他们可以通过印刷材料实现最佳交流。

1837 年，电报

电报是下一个重大进步，因为它可以非常迅速地远距离发送信息。它需要电和在电线杆上架设的电线网。电报员用莫尔斯电码打出点和线。

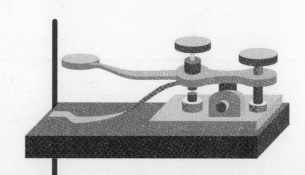

交流
从烽火台到短信息服务

1150 年，飞鸽传书

巴格达最早建立了以鸽子为主的邮政系统。经过训练的信鸽可以长途飞行，递送的信息绑在它们的腿上。

1660 年，邮政服务

英国成立邮政总局，提供传递信件的邮政服务，经常通过骑马的信使携带。人们后来使用邮票支付邮资。

1876 年，电话

电话能让人们做到远距离聊天。电话是通过电线网络联通的，后来我们称其为固定电话。

1895 年，收音机

收音机能够远距离传输声音和信息。这一系统有时候被称为"无线电"，因为信号是通过空气而不是通过电缆传播的。之后，人们建立了各种广播节目公司。

1973 年，手机

早期手机的大小和重量与砖头相差无几！直接通话是手机最初的功能，但它们很快就有了多种用途，成了人们不可或缺的交流手段的组成部分。第一份文字信息是在 1992 年发出的。

人类自诞生以来，一直在努力获取最佳交流的方式。我们喜欢相互谈话！早期的交流方法包括烟信号、火、鼓和洞穴画，但通过使用电、无线电波和通信卫星以及其他技术，我们已经可以越来越快地发出、接收质量更高的信息。

1925 年，电视

电视的发明给信息传送大军添加了新丁——图像。从 1957 年的人造卫星上天开始，太空技术可以让图像在大气中通过反射传播。刚开始的电视只有黑白画面，而且有时相当模糊。1954 年出现的彩色电视是一个重大改进。

1989 年，互联网

最初，互联网是通过电话线传输的拨号上网服务。如今，互联网通过电缆、光纤或者无线电用卫星传输，并用于收发电子邮件、网上聊天、分享文件、下载电影、玩游戏和阅读网页等多种活动。

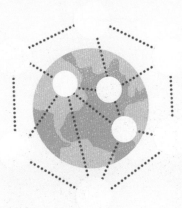

媒体 娱乐活动，高潮迭起

在 5000多年前的古埃及，孩子们用我们今天称之为弹珠的圆石子玩游戏。他们的后代用象牙或者石片在一个棋盘上滑动，这是最早的棋盘游戏之一——塞内特棋。下面说几种我们近来的娱乐方式。

跨越长距离的电波

海因里希·赫兹于1888年证实了无线电波的存在，13年后，古列尔莫·马可尼没有用电线就发出了信息。1901年，他向大西洋彼岸播出了一条信息后，无线电通信事业真正起飞了。对于海上遇到麻烦的船只来说，无线电通信尤为可贵，因为可以向目力不可及的远方求救。

听听

最早的录音装置使用的是覆盖着一层蜡的金属丝，直到1887年，埃米尔·贝利纳才在他的留声机中改用金属圆盘。后来，音乐播放方式继续发展，1948年开始使用黑胶唱片，1962年使用旋转盒式磁带。之后，音乐光盘上市售卖，数字音乐设备让使用者可以从互联网上下载作品。

从黑白画面到平面荧屏

在第一款彩色电视机于 1954 年震撼登场之前，电视图像一直是黑白的。电视机一直很笨重，而且屏幕是弯曲的，直到 1973 年有了液晶显示（LCD）屏，人们才制造出了比较薄的电视机。

电影的故事

1895 年，在卢米埃尔兄弟发明了一种既是摄影机又是放映机的装置之后，观众第一次看上了电影。影片是手摇放映的。最初的电影是黑白片，而且没有声音，有时候，会有人在电影院里演奏钢琴或者风琴助兴。

· 第一部动画片于 1906 年上映。

· 第一部有声影片《爵士乐歌星》于 1927 年上映。

· 有些早期电影通过不同的方法变成了彩色，包括在电影胶卷上上色。真正的彩色影片在 1939 年后开始普遍。

· 用计算机制作的特别视觉效果，即计算机成像（CGI）于 1973 年第一次全面投入使用。

· 第一部完全用计算机制作的动画片是 1995 年的《玩具总动员》。

视频游戏出场亮相

视频游戏于 20 世纪 50 年代首次亮相，但长期未能吸引大众的眼球，直到 70 年代第一台视频游戏家庭控制台设计出来后才大为改观。之后，任天堂推出了它的第一款掌上游戏机，而索尼的游戏机在 90 年代初露头角。视频游戏现在是最受我们欢迎的娱乐方式之一。

种植业 尽力提高食物产量

养活不断增加的人口需要大量劳作。种植业改变了我们地球的地貌，它提供的食物让我们可以发展文明、建设城市。

从渔猎到建设

早期人类打鱼、猎取动物并采集野生植物作为食物，所以他们搬家的次数远多于我们。大约12000年前，人们开始栽种小麦这类农作物，并圈养山羊这类动物，所以人们在农田附近修建了房屋，住在里面看管它们，于是定居程度增加了。人们认为，第一座城市是在大约公元前4500年所建立的乌鲁克，位于今天伊拉克境内。

农活的劳动强度下降

使用犁可以把土翻开，为播种做好准备，改善排水并埋住杂草。在犁问世之前，农民必须用铁锹翻地，这是既慢又累的农活。第一把犁实际上就是一根削尖了的粗棍子，由人去拉。但农民们很快就训练动物拉犁耕地了。下一个改进就是在犁上增加了插进土地里的铧片，还加上了轮子，让它能够在不平整的土地上使用。现代的机械犁工作快得多，有成排的倾斜铧片，能够又快又轻松地翻土。

水利工程

农作物需要水，人们找到了许多方法，把这种珍贵资源转移给需要它的农作物，这就是灌溉。其中包括如下方法：

· 让河流改道。

· 修建堤坝和沟渠，比如公元前 3100 年古埃及人修建的那些工程。

· 引水隧道，比如斯里兰卡人从公元前 300 年开始兴建的那些设施。

· 桔槔，涉水吊杆，是用木梁平衡的水桶，是从古代便开始在许多国家中使用的汲水工具。

· 暗渠，是早在公元前 800 年就在伊朗使用的水井和隧道系统。

· 阿基米德螺旋抽水机，一种内部带有大型螺旋形部件的圆筒，可以将水提升到高处，约从公元前 3 世纪开始使用。

即使是这些灌溉方法中最简陋的，也仍然在世界上的一些地方使用：让水流动到需要它的地方，包括迫使它上山，这是人类的伟大成就之一！

拖拉机

沉重的种植机械是用牛以及马这类动物驱动的。慢慢地，动物被蒸汽机取代。由于改用了更轻的由汽油驱动的发动机，第一台汽油拖拉机于 1892 年问世，它是由约翰·弗勒利希在美国艾奥瓦州发明的。

增产促进剂

另一个重大进步是人造肥料。在 1912 年以前，农民使用动物粪便和某些矿物质保持土地的肥沃。然后，弗里茨·哈伯和卡尔·博施这两位德国科学家利用氮气制造出人工肥料，有助于农作物更好地生长，大大提高了农田的生产能力。但一氧化二氮是一种温室气体，所以它也是造成气候变化的一个因素。

食物 美食的艺术魅力

人类学会了使用盐、香料采用熏制、腌制、干燥等方法来保存食物。保存食物的重要进展出现于 19 世纪和 20 世纪。

早期的餐食

有些食物的处理和保存方法从人类记事以来就一直存在。例如，将小麦碾压成面粉使我们能够烤面包，以及用发酵的方法延长食物的保存时间（比如将牛奶变成奶酪）。其他古代的处理方法包括铸造金属锅并用它在火上烹饪食物，以及制造切食材的刀。

冰箱的故事

你能想象没有冰箱的生活吗？许多食物在较低的温度下容易保存。冰曾经非常珍贵，有人就专门把冰从湖里凿下来，然后进行售卖。这种情况因为冰箱的出现而改变了，因为它可以用压缩气体制冷。第一台冰箱于 1851 年发明。全封闭式电冰箱是 1927 年发明的。

罐头食品

第一批罐头食品是法国人尼古拉·阿佩尔为法国军方制造的。多年来，人们一直尝试各种保存食物的方法，比如去除食物中的空气或者加热食物。阿佩尔在1803年做罐头的时候同时应用了这两种方法。他刚开始使用密封的玻璃罐，后来改用金属罐。注意，当时的罐头制造仍然考虑不周：士兵们必须用锤子或者刺刀开罐。直到1823年有了正规的顶盖带孔罐以后，这种尴尬局面才结束！

热与冷

1924年，克拉伦斯·伯宰发明了一种类似于今天的冷冻方法。冷冻干燥法（在隔绝空气的情况下冷冻得很快）最先在二战中用于运送血液来治疗伤兵，现在用于保存食物。

第一批微波炉于1955年开始售卖。这种机器是珀西·斯宾塞发明的，当时他正在研究微波雷达，结果在他设备不远处的一块巧克力棒熔化了。他是研究这种情况为什么发生的第一人，结果便发明了微波炉。

巴氏灭菌法

许多年来，变质食物会让不走运的人死于非命，因为这些食物中含有看不见的细菌。因为路易·巴斯德，今天这种情况很少发生了。他证明，加热食物能杀死危险的细菌——这个过程后来以他的名字命名为巴氏灭菌法。人们用这种方法处理牛奶、果汁和许多其他食物，让它们可以安全食用。

注意一点

人活着就需要喝水，但并不是任何人都总能得到干净的饮用水。它被放在人类"待办"清单中。十分之一的人无法在家附近找到干净水源，四分之一的人没有合适的厕所用。

图书在版编目（CIP）数据

人类的速度 /（英）肖恩·卡勒里著；（爱尔兰）多
诺·奥马利绘；李永学，胡淳浩译 . -- 北京：中信出
版社，2022.1
书名原文：The Human Race
ISBN 978-7-5217-3428-7

Ⅰ.①人… Ⅱ.①肖…②多…③李…④胡… Ⅲ.
①科学探索—少儿读物 Ⅳ.① N49

中国版本图书馆 CIP 数据核字（2021）第 162853 号

The Human Race
by Sean Callery and illustrated by Donough O'Malley
Copyright © 2020 Quarto Publishing plc
This edition first published in 2020 by QED Publishing，an imprint of The Quarto Group.
Simplified Chinese translation copyright © 2022 by CITIC Press Corporation
ALL RIGHTS RESERVED

本书仅限中国大陆地区发行销售

人类的速度

著　　者：［英］肖恩·卡勒里
绘　　者：［爱尔兰］多诺·奥马利
译　　者：李永学　胡淳浩
出版发行：中信出版集团股份有限公司
　　　　　（北京市朝阳区惠新东街甲4号富盛大厦2座　邮编　100029）
承 印 者：北京华联印刷有限公司

开　　本：889mm×1194mm　1/12　　　印　张：8　　　字　数：165千字
版　　次：2022年1月第1版　　　　　　印　次：2022年1月第1次印刷
京权图字：01-2021-4325
审 图 号：GS（2021）6602号（此书插图系原文插附地图）
书　　号：ISBN 978-7-5217-3428-7
定　　价：72.00元

出　　品　中信儿童书店
图书策划　红披风
策划编辑　吴岭
责任编辑　郝兰
营销编辑　李鑫橦　易晓倩　张旖旎
装帧设计　谭潇